江苏高校优势学科建设工程资助项目
中国矿业大学教材建设工程资助教材

水资源评价

主　编　董贵明
副主编　田　娟　朱　奎　王延辉
　　　　　刘丽红　齐跃明　杨兰和

中国矿业大学出版社
·徐州·

内容简介

本书系统地介绍了水资源数量及质量评价的基本理论和分析计算方法，内容包括地下水资源量评价、地表水资源量评价、水资源总量评价、水资源质量评价、水资源开发利用评价以及土壤水资源数量评价。

本书可作为高等院校水文与水资源工程、地下水科学与工程、水利工程、环境工程等专业本科生及研究生相关课程的教学用书，还可供水资源规划、利用、管理、保护等领域的相关专业技术人员参考。

图书在版编目(CIP)数据

水资源评价/董贵明主编. —徐州：中国矿业大学出版社，2020.11

ISBN 978-7-5646-4706-3

Ⅰ. ①水… Ⅱ. ①董… Ⅲ. ①水资源—资源评价—高等学校—教材 Ⅳ. ①TV211.1

中国版本图书馆CIP数据核字(2020)第219225号

书　　名 水资源评价
主　　编 董贵明
责任编辑 李　敬
出版发行 中国矿业大学出版社有限责任公司
（江苏省徐州市解放南路　邮编221008）
营销热线 (0516)83884103　83885105
出版服务 (0516)83995789　83884920
网　　址 http://www.cumtp.com　**E-mail**:cumtpvip@cumtp.com
印　　刷 江苏淮阴新华印务有限公司
开　　本 787 mm×1092 mm　1/16　**印张** 9.5　**字数** 243千字
版次印次 2020年11月第1版　2020年11月第1次印刷
定　　价 36.00元
（图书出现印装质量问题，本社负责调换）

前　言

水资源对于人类的生产生活有着不可缺少、无法替代的重要性，它被誉为万物的“生命之源”，同时还是维持社会进步和文明发展的必需资源。由于水资源开发与利用技术的不断发展与进步和人口的快速增长，水资源短缺与污染的风险也随之加剧，成为全人类共同面对的重大挑战。随着社会文明的不断发展，人们的生态环保意识不断增强，越来越重视水资源的合理规划与利用。而水资源评价是科学规划和合理开发水资源的基础，是保护和管理水资源的依据，是实现国民经济可持续发展的前提。鉴于水资源评价的重要性，几位作者在学习整理了国内外众多研究成果的基础上，结合多年教学及实践经验，编写了《水资源评价》一书。

全书共分为 7 章。第 1 章主要介绍了水资源的基本特性、水资源评价相关工作的发展历史和水资源分区；第 2 章主要介绍了地下水资源量的含义，地下水资源评价的原则和步骤，地下水类型区的划分，地下水补给量和排泄量的计算方法，可开采量的计算方法和地下水资源潜力评价等；第 3 章主要介绍了地表水资源量的含义、评价内容和步骤，资料的收集、分析、插补延长和还原，地表水资源量和地表水资源可利用量的计算方法等；第 4 章主要介绍了水资源总量的计算方法和水资源可利用总量的估算；第 5 章主要介绍了地下水水质与地表水水质的评价内容及评价方法；第 6 章主要介绍了水资源开发利用现状的分析，需水预测、供水预测的内容及方法，水资源供需平衡的计算方法及分析内容；第 7 章主要介绍了土壤水及土壤水资源的主要性质，土壤水资源的评价指标及原则，基于区域水循环的土壤水资源评价和海河流域的土壤水资源评价。本书着重阐明了地下水资源量和地表水资源量的评价内容及评价方法，注重理论性与实践性的统一，能使学生较为系统、全面地获取水资源评价的相关知识。

本书第 1 章由江苏师范大学的田娟编写；第 2 章由中国矿业大学的董贵明、杨兰和和中国电力工程顾问集团西北电力设计院有限公司的王延辉共同编写；第 3 章由中国矿业大学的朱奎、中国电力工程顾问集团西北电力设计院有限公司的王延辉和江苏师范大学的田娟共同编写；第 4 章由中国矿业大学的董贵明编写；第 5 章由中国矿业大学的董贵明和江苏师范大学的田娟共同编写；第 6 章由安徽理工大学的刘丽红和中国矿业大学的齐跃明共同编写；第 7 章由中国矿业大学的朱奎编写。中化地质矿山总局湖北地质勘查院的范志宏、四川省水资源调度管理中心的王颖和中国矿业大学研究生秦朕、苏合岩、李嘉宁、旷凌以及戴雁宇参与了本书图表的绘制和资料收集整理工作。全书由董贵明统稿。

本书在编写过程中,吸取了现行规程规范的相关规定,参阅了大量文献及相关资料,在此,谨向这些文献和资料的作者表示诚挚的谢意!

本书的出版,得到了中国矿业大学出版社的大力支持,在此一并深表谢意!

望该书能够为广大高校师生及相关部门的专家学者、企业技术人员提供有益的参考。由于作者水平所限,书中难免存在疏漏和不足之处,敬请读者批评指正。

董贵明

2019年11月

目 录

1 绪　论

1.1 水资源的基本特性

在进行水资源评价时，水资源量包括地表水资源量、地下水资源量和水资源总量三个内容。地表水资源量是指河流、湖泊、冰川等地表水体逐年更新的动态水量，即当地天然河川径流量。地下水资源量是指地下饱和含水层逐年更新的动态水量，即降水和地表水入渗等对地下水的补给量。山丘区采用排泄量法计算，包括河川基流量、山前侧渗流出量、潜水蒸发量和地下水开采净消耗量等，以总排泄量作为地下水资源量。平原区采用补给量法计算，包括降水入渗补给量、地表水体入渗补给量、山前侧渗补给量和井灌回归补给量等，将总补给量扣除井灌回归补给量作为地下水资源量。水资源总量是指当地降水形成的地表和地下产水总量，即地表产流量与降水入渗补给地下水量之和。

水资源作为主要的自然资源，既是一切生物赖以生存的基本条件和人类生产生活的重要资源，又是自然环境的重要要素。为了防止因水资源过量利用而造成地表、地下水体枯竭，给自然环境和生态平衡带来严重的不良后果，水资源开发利用应以参与水循环的动态水量为上限，一般不宜动用静态水量。水资源具有一般资源的基本特性，但就其本身的存在形式及与自然环境、人类生产生活、经济社会等的关系来看，又具有某些比一般资源更重要的特性，只有充分认识水资源的特性，才能合理、有效地加以利用。

1.1.1 水资源属于可更新资源(可再生资源)

地表水和地下水不断得到大气降水的补给，开发利用后可以恢复和更新，并在一定时间范围内保持动态平衡，因此水资源属于可更新资源，具有可再生性，若能设法合理地增加和诱导天然补给，合理地控制其使用量和存在的空间，则能持续开发利用。例如，人为地控制地下水的埋深，可增加地下水的可补给量，并减少潜水蒸发。

水资源质量还表现为可改善性。水质的改善既可根据水体的生态环境和物理化学特性，利用水体的自净功能和水文地质环境对水体的净化能力来达到，也可通过人为技术措施来实现，但是改善程度取决于人、财、物的投入和用水目的要求。

1.1.2 水资源具有不可替代性

水资源不仅是人类及其他一切生物生存的必要条件和物质基础，也是国民经济建设和社会发展不可缺少的资源。水是国家综合国力的重要组成部分，人均年耗水量已成为衡量一个国家经济发展程度的重要标志。用水结构是判断一个国家工业化程度和生活水平的重要依据，而每方水所能创造的财富又是衡量一个国家技术经济水平的重要尺度，水的开发利用潜力决定着一个国家的发展后劲。在我国，“水利是农业的命脉”早已深入人心，水利作为国民经济的基础设施和基础产业，也越来越受到中央、地方和广大人民的普遍重视，并被纳入国家可持续发展长远目标规划。国际上已公认水是未来繁荣昌盛和社会稳定的一种关键自然资源,应被作为区域合作的一个促进因素来认识。

1.1.3 水资源的有限性及不均匀性

水循环的过程虽然是无限的,但各种水体的补给量是不同的和有限的,这决定了水资源在一定数量限度内才是取之不尽、用之不竭的。水资源在时间和空间上分布极不均衡,加之水基本上是就地利用,难以远距离输送,因此世界上不少地区水资源匮乏。我国是世界上水资源比较贫乏的国家之一,水资源地区分布很不均匀,与人口、土地、矿产资源的分布和经济布局也不相适应,年际、年内变化较大。同时,我国还是世界上水旱灾害频发的国家之一。

1.1.4 水环境较脆弱、易破坏

水环境较脆弱、易破坏的特性主要体现在两个方面:一是水环境易受污染,使原本洁净的水域失去利用功能,而且作为一种载体,会使污染物在更大范围扩散蔓延;二是水环境极易受破坏,特别是地下水,当开采量超过补给量时,水环境的质和量都会失去平衡,并由此引发一系列的地质环境问题,从而使水资源失去原有存在的环境条件,失去作为开发利用水源地的应有价值。例如,地下水超量开采所造成的直接后果是地下水位持续下降,地下水降落漏斗逐年扩大、加深。我国国土资源部 2003 年公布的地下水资源评价结果显示,全国形成的地下水降落漏斗已有 100 多个,面积达 15 万 km^2,仅华北平原就有面积近 7 万 km^2 的地下水水位低于海平面。地下水降落漏斗的发生导致机井大批报废,井越凿越深,取水成本越来越高,形成恶性循环,同时,诱发海水、咸水入侵以及地面沉陷、堤坝裂缝等环境水文地质问题,致使生态环境日益恶化。

开发利用水资源时必须切实保护环境,否则会产生严重危害。同时,水环境一旦受到污染和破坏,治理起来非常困难,代价也是巨大的。这也是人类在开发利用水资源时所逐步认识到的,水环境的脆弱性无时不在提醒我们注意保护人类的生存环境。

1.2 水资源评价相关工作的发展历史

我国曾于 20 世纪 70 年代末、80 年代初组织开展过全国第一次水资源调查评价工作,是“全国农业自然资源调查和农业区划会议”提出的“水资源的综合评价和合理利用的研究”项目的组成部分。通过调查和分析,基本查明了全国各地区地表水资源的数量及其时空分布特点,研究了降水、蒸发和径流等水平衡三要素的关系,为全国各地区水资源评价、水利规划、水利化区划以及农业区划提供了重要的科学依据。第一次评价总体上还比较粗,广度、深度不够,资料系列短(具体为 1956—1979 年),研究范围较窄,侧重于为农业和水利服务。采用 1956—1979 年资料下的我国水资源情况见表 1-1。

20 世纪 80 年代初,我国地质矿产部组织开展了第一轮全国地下水资源评价工作,于 1984 年底提出了评价成果,即全国地下水天然资源量每年为 8 717 亿 m^3,可开采资源量每年为 2 940 亿 m^3。受气候变化、人类工程经济活动及地下水开采量急剧增长等因素的影响,区域水循环条件已发生了改变,导致地下水资源无论在数量、质量和区域分布上都发生了较大的变化,第一次评价成果已不能反映当时地下水资源的实际状况。为此,我国国土资源部在 2000 年至 2002 年期间,组织开展了新一轮全国地下水资源评价工作,对全国地下水资源进行了重新计算和评价,这一轮地下水资源评价成果为:全国地下淡水天然资源多年平

均为 8 837 亿 m^3，约占全国水资源总量的 1/3，其中山区为 6 561 亿 m^3，平原为2 276 亿 m^3；地下淡水可开采资源多年平均为 3 527 亿 m^3，其中山区为 1 966 亿 m^3，平原为 1 561 亿 m^3。另外，全国地下微咸水天然资源(矿化度 1～3 g/L)多年平均为 277 亿 m^3，半咸水天然资源(矿化度 3～5 g/L)多年平均为 121 亿 m^3。

表 1-1 我国水资源分区年降水、年河川径流、年地下水量、年水资源总量统计

(按 1956—1979 年同步期资料统计)

分区	计算面积/km^2	年降水		年河川径流		年地下水量/亿 m^3	年水资源总量/亿 m^3
		总量/亿 m^3	深度/mm	总量/亿 m^3	深度/mm		
黑龙江流域片(中国境内部分)	903 418	4 476	496	1 166	129	431	1 352
辽河流域片	345 027	1 901	551	487	141	194	577
海滦河流域片	318 161	1 781	560	288	91	265	421
黄河流域片	794 712	3 691	464	661	83	406	744
淮河流域片	329 211	2 830	860	741	225	393	961
长江流域片	1 808 500	19 360	1 071	9 513	526	2 464	9 613
珠江流域片	580 641	8 967	1 544	4 685	807	1 115	4 708
浙闽台诸河片	239 803	4 216	1 758	2 557	1 066	613	2 592
西南诸河片	851 406	9 346	1 098	5 853	688	1 544	5 853
内陆诸河片	3 321 713	5 113	154	1 064	32	820	1 200
额尔齐斯河	52 730	280	395	100	190	43	103
总计	9 545 322	61 961	648	27 115	284	8 288	28 124

注：资料来源于水利电力部水文局于 1987 年编写的《中国水资源评价》。

另外，我国水利部于 1996 年初组织开展了全国范围内的地下水资源开发利用规划，2000 年初完成了该项工作，在此基础上组织编写了《21 世纪初期中国地下水资源开发利用》一书。

为全面落实国家实施可持续发展战略的要求，适应经济社会发展和水资源形势的变化，着力缓解水资源短缺、生态环境恶化等重大水问题，水利部和国家发展计划委员会部署开展全国水资源综合规划编制工作，并以水规计〔2002〕83 号文批复了《全国水资源综合规划任务书》，水利部以水规计〔2002〕330 号文印发了《全国水资源综合规划技术大纲》。全国水资源综合规划的总体目标是为我国水资源统一管理和可持续利用提供规划基础，在进一步查清我国水资源及其开发利用现状、分析和评价水资源承载能力的基础上，根据经济社会可持续发展和生态环境保护对水资源的要求，提出水资源合理开发、高效利用、有效节约、优化配置、积极保护和综合治理的总体布局及实施方案，促进我国人口、资源、环境和经济的协调发展，以水资源的可持续利用支持经济社会的可持续发展。

根据全国水资源综合规划的总体目标与要求，本次规划的主要任务包括水资源调查评价、水资源开发利用情况调查评价、需水预测、节约用水、水资源保护、供水预测、水资源配置、总体布局与实施方案、规划实施效果评价等内容。这一次全国水资源调查评价按1956—2000年同步系列进行。根据该次全国水资源调查评价成果，全国多年平均水资源总量为28 412亿m^3，其中地表水资源量为27 388亿m^3，地下水资源与地表水资源不重复量为1 024亿m^3。

中国地质科学院水文地质环境地质研究所于2003—2006年间，开展了“全国地下水资源及其环境问题综合评价及专题研究”，于2009年通过了总成果和16个专题成果的验收。该项目阐明了我国北方平原(盆地)地下水系统的演化趋势；划分了该区地下水系统，对比了华北平原、东北平原、西北内陆盆地地下水系统间的差异性；提出了地下水功能评价方法，首次建立了北方地区地下水功能评价指标体系，并完成了北方八大平原(盆地)的功能评价与区划；系统总结了北方各平原(盆地)地下水数值模拟方法、应用状况以及模型建立条件；建成了基于大型数据库的地下水资源数据共享与动态评价平台，整合完成了北方八大平原(盆地)地下水资源与环境实体数据库，实现了动态评价服务；重新评价了我国北方各主要平原(盆地)的地下水资源及其开发利用潜力，系统分析了地下水资源变化的影响因素和各主要平原(盆地)地下水开采程度的差异。

2017年，水利部全面启动和部署了第三次全国水资源调查评价工作。实施第三次全国水资源调查评价是基于近年来我国水资源情势变化、新老水问题相互交织、水安全上升为国家战略的大背景下迫切需要开展的一项重要基础性工作，目标是要全面摸清近年来我国水资源数量、质量、开发利用、水生态环境的变化情况，系统分析60多年来我国水资源的演变规律和特点，提出全面、真实、准确的评价成果，建立水资源调查评价基础信息平台，并形成规范化的滚动调查评价机制，为今后制订水资源战略规划、实施重大水利工程建设、落实最严格水资源管理制度、促进经济社会持续健康发展和生态文明建设提供可靠的基础。

1.3 水资源分区

水资源以流域为单元进行循环和演化，水资源的形成、转化与耗散、开发利用及排泄等受自然地理条件、经济社会状况以及水资源特点和水利工程等因素的制约。我国各地自然地理条件差异显著，其水资源和生态环境状况也不尽相同，经济社会发展状况差异也较大，各地水资源开发利用情况及其存在的问题有明显的差别，但又具有一定的相似性。为了既能反映各地水资源及其开发利用与生态环境状况的不同特点，又能反映相似地区的共同规律；既便于按流域与行政分区统一评价、规划和管理水资源，又便于水资源资料与经济社会发展等相关统计资料在范围与口径等方面的衔接，第二次全国水资源评价在以往有关分区成果的基础上进行了统一的水资源分区。水资源分区有机结合了流域分区与行政分区，保持了流域分区与行政分区的统分性、组合性与完整性。

1.3.1 分区原则

(1) 综合考虑水资源工作的需要，满足水资源评价、规划、开发利用和管理的要求，既反映不同区域水资源条件的差异性，也反映其水资源特点的相似性和综合治理方向的同一性。

(2) 尽可能保持河流水系的完整性，同时兼顾行政区划的完整性。流域与行政区域有机结合，保持行政区域与流域分区的统分性、组合性与完整性。对主要江河水系进行分区，对大江大河干流进行分段划区，自然地理条件相似的相邻小河适当合并，基本反映水资源特点的地区差别。

(3) 考虑江河水系监测资料以及主要水工程的控制因素，便于利用实际观测资料进行水量平衡分析与检验。

(4) 注意与原水资源评价分区及水资源利用分区的衔接，以利于同原有评价分析成果之间的可比性。

1.3.2 分区概况

为保持大江大河的完整性，将全国划分为 10 个水资源一级区：① 松花江区，包括松花江流域以及额尔古纳河、黑龙江、乌苏里江、图们江、绥芬河等跨界河流我国境内部分；② 辽河区，包括辽河流域、辽宁沿海诸河以及鸭绿江流域我国境内部分；③ 海河区，包括海河流域、滦河流域及冀东沿海地区；④ 黄河区；⑤ 淮河区，包括淮河流域及山东沿海诸河地区；⑥ 长江区，含太湖流域；⑦ 东南诸河区，包括钱塘江、浙东诸河、浙南诸河、闽东诸河、闽江、闽南诸河及台澎金马诸河；⑧ 珠江区，包括珠江流域、华南沿海诸河、海南岛及南海各岛诸河；⑨ 西南诸河区，包括红河、澜沧江、怒江、伊洛瓦底江、雅鲁藏布江等跨界河流我国境内部分以及藏南、藏西诸河地区；⑩ 西北诸河区，包括塔里木河等西北内陆河以及额尔齐斯河、伊犁河等跨界河流我国境内部分。

按基本保持河流水系完整性的原则，在一级区的基础上，共划分 80 个二级区。在河流水系分区的基础上，结合流域分区与行政区域，进一步划分为 213 个三级区。为了较为详细地进行水资源评价和规划，该次规划全国统一的水资源分区设定到三级分区，并在水资源三级区与行政分区的基础上，以水资源三级区套地级行政区界线，全国共划分为 1 062 个计算分区，计算分区是本次水资源调查评价的基本计算统计和汇总分析单元，除个别成果外，水资源调查评价和规划成果均以计算分区为最小单元进行统计和汇总。

为了进行详细的流域和省级行政区水资源调查评价和规划工作，各流域和省级行政区还对三级以下水资源分区及其与行政分区组合的计算单元进行了进一步划分，并以此作为最小单元开展工作。我国水资源一级区和二级区分区统计表见表 1-2。三级区的情况见《中国水资源及其开发利用调查评价》。降水量、地表水资源量、地下水资源量和水资源总量均包括中国台湾省和香港及澳门特别行政区。北方地区包括松花江区、辽河区、海河区、黄河区、淮河区和西北诸河区 6 个水资源一级区；南方地区包括长江区、东南诸河区、珠江区和西南诸河区 4 个水资源一级区。

表 1-2 中国水资源一级区和二级区分区统计表

一级区名称	二级区名称	编码	计算面积/km^2	一级区名称	二级区名称	编码	计算面积/km^2
松花江区	额尔古纳河	A010000	164 304	松花江区	乌苏里江	A060000	59 785
	嫩江	A020000	298 502		绥芬河	A070000	9 984
	第二松花江	A030000	73 416		图们江	A080000	22 448
	松花江(三岔河口以下)	A040000	189 304		松花江区小计	A000000	934 802
	黑龙江干流	A050000	117 059				

表 1-2（续）

一级区名称	二级区名称	编码	计算面积/km^2	一级区名称	二级区名称	编码	计算面积/km^2
辽河区	西辽河	B010000	135 193	长江区	鄱阳湖水系	F090000	162 065
	东辽河	B020000	10 364		宜昌至湖口	F100000	94 682
	辽河干流	B030000	48 213		湖口以下干流	F110000	87 789
	浑太河	B040000	27 327		太湖水系	F120000	36 895
	鸭绿江	B050000	32 021		长江区小计	F000000	1 782 716
	东北沿黄渤海诸河	B060000	61 028	东南诸河区	钱塘江	G010000	49 119
	辽河区小计	B000000	314 146		浙东诸河	G020000	12 872
海河区	滦河及冀东沿海	C010000	54 530		浙南诸河	G030000	33 449
	海河北系	C020000	83 426		闽东诸河	G040000	16 146
	海河南系	C030000	149 073		闽江	G050000	61 052
	徒骇马颊河	C040000	33 012		闽南诸河	G060000	35 756
	海河区小计	C000000	320 041		台澎金马诸河	G070000	36 180
黄河区	龙羊峡以上	D010000	131 341		东南诸河区小计	G000000	244 574
	龙羊峡至兰州	D020000	91 090	珠江区	南北盘江	H010000	82 950
	兰州至河口镇	D030000	163 644		红柳江	H020000	113 060
	河口镇至龙门	D040000	111 273		郁江	H030000	77 898
	龙门至三门峡	D050000	191 110		西江	H040000	66 563
	三门峡至花园口	D060000	41 694		北江	H050000	47 000
	花园口以下	D070000	22 621		东江	H060000	27 239
	内流区	D080000	42 270		珠江三角洲	H070000	27 817
	黄河区小计	D000000	795 043		韩江及粤东诸河	H080000	45 633
淮河区	淮河上游（王家坝以上）	E010000	30 588		粤西桂南沿海诸河	H090000	56 660
	淮河中游（王家坝至洪泽湖出口）	E020300	128 784		海南岛及南海各岛河	H100000	34 154
	河区河下游（洪泽湖出口以下）	E030200	30 660		珠江区小计	H000000	578 974
	沂沭泗河	E040500	78 925	西南诸河区	红河	J010000	76 005
	山东半岛沿海诸河	E050200	61 052		澜沧江	J020000	164 384
	淮河区小计	E050000	330 009		怒江及伊洛瓦底江	J030000	157 392
长江区	金沙江石鼓以上	F010000	215 116		雅鲁藏布江	J040000	242 004
	金沙江石鼓以下	F020000	258 858		藏南诸河	J050000	145 546
	岷沱江	F030000	163 042		藏西诸河	J060200	58 783
	嘉陵江	F040000	159 357		西南诸河区小计	J000000	844 114
	乌江	F050000	87 773	西北诸河区	内蒙古内陆河	K010000	311 378
	宜宾至宜昌	F060000	100 046		河西内陆河	K020000	469 843
	洞庭湖水系	F070000	262 289		青海湖水系	K030000	46 031
	汉江	F080000	154 804		柴达木盆地	K040000	275 130

表 1-2(续)

一级区名称	二级区名称	编码	计算面积/km^2	一级区名称	二级区名称	编码	计算面积/km^2
西北诸河区	吐哈盆地小河	K050000	133 598	西北诸河区	昆仑山北麓小河	K110000	196 571
	阿尔泰山南麓诸河	K060000	81 792		塔里木河干流	K120000	31 606
	中亚西亚内陆河区	K070000	77 757		塔里木盆地荒漠区	K130000	345 029
	古尔班通古特荒漠区	K080000	85 134		羌塘高原内陆区	K140000	730 077
	天山北麓诸河	K090000	148 953		西北诸河区小计	K000000	3 362 261
	塔里木河源	K100000	429 362		全国合计		9 506 680

注:表中数据来自水利部水利水电规划设计总院于 2014 年出版的《中国水资源及其开发利用调查评价》。

参考文献

[1] 水利部水利水电规划设计总院.中国水资源及其开发利用调查评价[M].北京:中国水利水电出版社,2014.

[2] 水利部水资源司,南京水利科学研究院.21 世纪初期中国地下水资源开发利用[M].北京:中国水利水电出版社,2004.

[3] 水利电力部水文局.中国水资源评价[M].北京:水利电力出版社,1987.

[4] 王双银,宋孝玉.水资源评价[M].2 版.郑州:黄河水利出版社,2014.

2 地下水资源量评价

2.1 地下水资源量的含义

苏联学者普洛特尼可夫将地下水储量分为四种：

(1) 静储量。静储量是指天然条件下储存于潜水最低水位以下含水层中的重力水体积。

(2) 动储量。动储量是指单位时间内通过垂直于地下水流向的含水层过水断面的地下水量。

(3) 调节储量。调节储量是指天然条件下年(或多年)最高水位与最低水位之间潜水含水层中的重力水体积。

(4) 开采储量。开采储量是指在不发生水量显著减少和水质恶化的条件下，用一定的取水设备从含水层中汲取的水量。开采储量的确定最为重要，但计算比较复杂，没有固定的计算公式。

普洛特尼可夫分类法反映了地下水资源在天然条件下一定的客观规律，曾在我国地下水资源评价中起过重要的作用。但该种分类只反映了地下水在天然条件下的各种数量组合，而没有明确在一定时间内各种数量之间的转化关系，尤其是没有指出在开采条件下，那些天然储量成分对开采资源起什么样的作用。所以，评价开采资源时，往往只能按照天然条件计算出各种储量，而提不出可靠的开采资源数量。

《全国水资源综合规划技术细则》中指出："地下水是指赋存于饱水带岩土空隙中的重力水。本次评价的地下水资源量是指地下水体中参与水循环且可以逐年更新的动态水量。本次评价要求对近期下垫面条件下多年平均浅层地下水资源量及其分布特征进行全面评价。"

《21世纪初期中国地下水资源开发利用》中指出："地下水资源量是指有长期补给保证的、源于降水和地表水体的动态水量。"

《地下水资源量及可开采量补充细则(试行)》中指出："地下水资源量——指地下水中参与水循环且可以更新的动态水量(不含井灌回归补给量)。"

殷昌平等在《地下水水源地勘查与评价》中将地下水资源分为补给资源和存储资源。

《水资源评价导则》(SL/T 238—1999)中指出："本导则所指的地下水资源数量，主要是与大气降水、地表水体有直接补给或排泄关系的动态地下水量。"平原区地下水补给量包括降水入渗补给量、河道渗漏补给量、水库(湖泊、塘坝)渗漏补给量、渠系渗漏补给量、侧向补给量、渠灌入渗补给量、越流补给量、人工回灌补给量及井灌回归量，沙漠区还应包括凝结水补给量。各项补给量之和为总补给量，总补给量扣除井灌回归补量为地下水资源量。山丘区地下水资源数量评价可只进行排泄量计算。山丘区地下水排泄量包括河川基流量、山前泉水出流量、山前侧向流出量、河床潜流量、潜水蒸发量和地下水实际开采净消耗量，各项排泄量之和为总排泄量，即为地下水资源量。

上述定义整体上是一致的，不同评价目的下的地下水资源量概念会略有差别，本教材中所讲的地下水资源量主要是指补给资源量，以《水资源评价导则》为准。《水资源评价导则》之所以分别对平原区和山丘区的地下水资源量计算进行了说明，主要有两方面考虑：第一，在人类活动不大的条件下，无论是山丘区还是平原区，地下水基本是动态均衡的，即补给量和排泄量基本是一致的；第二，山丘区的水文地质资料一般比较缺乏，计算补给量比较困难，而排泄量相对比较容易计算。另外，需要注意的是：

(1) 浅层地下水、第 2 承压含水层、第 3 承压含水层可分别进行评价，要根据评价的要求具体确定评价的层位。水利部水利水电规划设计总院于 2002 年在《地下水资源量及可开采量补充细则(试行)》中给出了相关的定义：浅层地下水是埋藏相对较浅、由潜水及与当地潜水具有较密切水力联系的弱承压水组成的地下水。深层承压水是埋藏相对较深、与当地浅层地下水没有直接水力联系的地下水。深层承压水分层发育，潜水以下各含水层组的深层承压水依次称为第 2、3、4……含水层组深层承压水，其中，第 2 含水层组深层承压水不包括弱承压水。

(2) 不同时期和条件下的地下水资源量是不同的，因为补给量会发生变化。这里主要分为天然资源量和开采资源量，一般对于全国性、流域的、城市的水资源评价不用进行区分，对于水源地一般要分别计算天然资源量和开采资源量。天然资源量是水源地运行之前的地下水的资源量；水源地在开采一段时间之后，地下水位下降，地下水的补给排泄条件将发生较大的变化，此时的地下水资源量称为开采资源量。对于水源地来说，更关心的是开采资源量。

(3) 以排泄量作为水资源量时，应该是在地下水水位基本保持不变的时期，如果地下水水位一直下降，就不能用排泄量作为资源量，此时如果还以排泄量作为资源量的话，若开采量很大，水资源量就会计算得很大，这显然是不合理的。

(4) 不同矿化度的地下水一般要分开评价。

(5) 一般在进行地下水源地评价时还应计算存储资源量。

2.2 地下水资源评价的原则和步骤

2.2.1 地下水资源评价原则

目前，在国内已有文献中，对地下水资源评价原则的提法大同小异。确切地说，不宜叫原则，而应当是评价地下水资源时应考虑和注意的问题。沿用习惯语，本书仍称为原则，有以下四条：

(1) “三水”联系、相互转化、统一评价的原则。地下水是与大气降水和地表水密切联系的，地下水与地表水在一定条件下可以相互转化，开采地下水使这种转化更为明显和加强。例如在河流岸边开采地下水时，其保证稳定开采的补给增量主要是由河水转化而来的，而河流的基流量又往往是由地下水转化而来的，如果将地下水、地表水分别计算的资源量加起来作为总的水资源量，则会出现重复量。因此，在评价区域地下水资源时，特别是在总的水资源不够丰富的地区，应注意评价在含水层开采条件下地表径流的变化值，最好是将该区地表水与地下水统一评价，统一规划，合理使用。

(2) 以丰补歉、调节平衡的原则。在以降水为主要补给源的地区，地下水量有季节性和多年性的变化，有的地区这种变化幅度可能很大。过去，从保险的观点出发，常取旱季、旱年最小的补给量（或保证率90%以上的补给量）作为地下水资源评价的依据，这种做法过于保守，所得结果往往偏小。只要含水层有一定的储存量，就可以充分利用储存量的调节作用，取多年平均补给量作为允许开采量。在旱季或旱年，可借用储存量来满足开采；到雨季或丰水年，又可将借用的储存量补偿回来。这样开采，在旱年可能出现水位持续下降的趋势，而到丰水年又可以回升，从而达到多年平衡。不过，应进行仔细计算，做到旱年旱季最大水位降深不要超过允许降深及丰水年又能完全补回。

（3）考虑人类活动增加或减少的补给量及排供结合的原则。评价地下水资源时，应考虑评价区内有无人工水利工程建设，例如修建水库、开挖渠道及运河等活动会引起地下水的补给量增加，而当区内有矿井疏干或其他排水设施时则会引起地下水减少。应考虑把这些水用于供水或灌溉的可能性，即考虑排供结合的可能性。这不仅可以一举两得，节约资金，对于地下水资源短缺的地区，也是改善水源不足的一种理想途径。

（4）安全开采，防止产生环境地质等不良后果的原则。开采地下水使水位下降，可能引起一些不良的后果，如土壤干旱、农作物受损、地面沉降、水质恶化等。因此，在评价地下水资源时，必须对环境地质等不良后果发生的可能性作出评价，对可能产生的不良后果，要作出预测和提出防治措施，以达到安全生产为原则。

2.2.2 地下水资源评价步骤

地下水资源评价就是要求在当地水文地质条件下，查清地下水的开采和补给及其之间的相互转化关系，从而为制订地下水资源开发利用方案提供依据。地下水资源评价的主要步骤如图2-1所示。分区的大小和数量与评价范围有关，在城市水资源评价中，经常要根据地形地貌将评价区分为平原区和山丘区，在全国地下水资源评价中，则要按照流域、行政区进行分区。地下水允许开采量是指在经济合理、技术可能的条件下，不引起水质恶化和水位持续下降等不良后果时的地下水开采量。分区汇总计算就是计算地下水资源总量，这里要注意去除各评价区的重复地下水资源量。

评价分区一般是根据地貌类型、流域边界或者行政区边界进行。

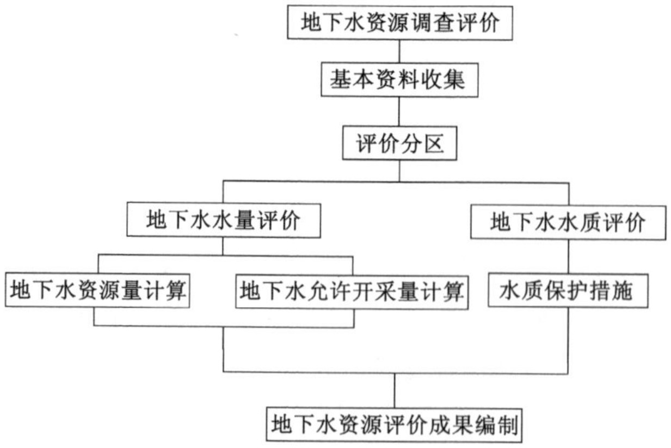

图2-1 地下水资源评价的主要步骤

2.3　地下水类型区的划分

《地下水资源量及可开采量补充细则(试行)》是根据《全国水资源综合规划技术大纲》和《全国水资源综合规划技术细则(试行)》有关地下水资源量评价和地下水可开采量评价部分的要求,由水利部水利水电规划设计总院于2002年编写完成的,其中对地下水类型区(以下简称“类型区”)要求按3级划分,同一类型区的水文及水文地质条件比较相近,不同类型区之间的水文及水文地质条件差异明显。各级类型区名称及划分依据见表2-1。

表2-1　类型区名称及划分依据

<table>
<tr><th colspan="2">Ⅰ级类型区</th><th colspan="2">Ⅱ级类型区</th><th colspan="2">Ⅲ级类型区</th></tr>
<tr><th>划分依据</th><th>名称</th><th>划分依据</th><th>名称</th><th>划分依据</th><th>名称</th></tr>
<tr><td rowspan="12">区域地形地貌特征</td><td rowspan="8">平原区</td><td rowspan="12">次级地形地貌特征、含水层岩性及地下水类型</td><td rowspan="2">一般平原区</td><td rowspan="12">水文地质条件、地下水埋深、包气带岩性及厚度</td><td>均衡计算区</td></tr>
<tr><td>……</td></tr>
<tr><td rowspan="2">内陆盆地平原区</td><td>均衡计算区</td></tr>
<tr><td>……</td></tr>
<tr><td rowspan="2">山间平原区(包括山间盆地平原区、山间河谷平原区和黄土高原台塬区)</td><td>均衡计算区</td></tr>
<tr><td>……</td></tr>
<tr><td rowspan="2">沙漠区</td><td>均衡计算区</td></tr>
<tr><td>……</td></tr>
<tr><td rowspan="4">山丘区</td><td rowspan="2">一般山丘区</td><td>均衡计算区</td></tr>
<tr><td>……</td></tr>
<tr><td rowspan="2">岩溶山区</td><td>均衡计算区</td></tr>
<tr><td>……</td></tr>
</table>

注:摘自《地下水资源量及可开采量补充细则(试行)》。

一般山丘区、岩溶山区(以下简称山丘区)与一般平原区、沙漠区、内陆盆地平原区、山间盆地平原区、山间河谷平原区、黄土高原台塬区(以下简称平原区)的水文地质条件截然不同。山丘区构造断裂发育,地形起伏大,属山地地貌。地下水主要补给源是降水,补给通道主要是断层、裂隙或溶洞。地下径流舒畅,以脉状和水平径流为主。地下水多被河谷切割,向河道排泄,少部分以潜流形式排入平原区。地下水埋深受山势控制,山顶、山坡处相对较大,谷地相对较小,年内及年际地下水水位变化大,汛期或丰水年相对较高,非汛期或枯水年相对较低。

一般山丘区指非碳酸岩构成的基岩或碎屑岩山区,该区在我国的分布极为广泛。地下水类型为基岩裂隙水或碎屑岩孔隙-裂隙水,在新疆北部的阿尔泰山、青藏高原和东北地区的大小兴安岭北部分布有多年冻结水。各地岩性组成、断裂发育程度、风化强度以及地形地貌的差异,造成各地地下水埋深和富水程度的不同。在我国,岩浆岩分布比较广,尤以东北地区最发育。除西北地区外,我国的变质岩分布也很普遍。西北地区沉积岩较发育,华北地区碎屑岩较发育。断裂及风化深度一般在 10～50 m 之间。地下水埋深北方多大于 10 m,其中高山区达 30 m 以上;南方多小于 10 m。地下水赋存于构造带、风化带或碎屑岩孔隙中,富水程度(以单位时间、单位降深的涌水量计)多为 4～10 $m^3/(h \cdot m)$。

岩溶山区指碳酸岩构成的基岩山区,主要分布在我国南方广西、贵州及滇东、川东、鄂西、湘西等地,北方山东、山西等省也有零星分布。碳酸岩受水的长期溶蚀作用,形成溶洞、盲谷、地下河等岩溶构造,赋存岩溶水。我国南方岩溶主要发育在泥盆、石炭、二叠、三叠系灰岩中,岩溶水多以伏流或伏明相间的形式向下游排泄,地下水埋深多在几米至十几米之间,富水程度高,单井出水量在 100 m^3/h 以上。北方岩溶主要发育在寒武、奥陶系灰岩中,岩溶水多以泉的形式排泄,地下水埋深较南方大,富水程度较南方低。

平原区系指海拔高程相对较低、地面起伏不大、第四系松散沉积物较厚的宽广平地(被平原区围裹、面积不大于 1 000 km^2 的残丘,可划归平原区)。地下水类型以第四系孔隙水为主。地下水主要接受降水或地表水体补给,补给通道是第四系松散沉积物孔隙。地下径流滞缓。排泄方式有垂向潜水蒸发、水平向河道排泄和人工开采等几种。

一般平原区指比较开阔平坦、包气带和含水层组由多层不同松散岩类构成的平原区,主要分布在我国东北、华北、黄河河套地区、长江流域中下游和东南沿海地带。地下水以降水补给为主,地表水体补给次之。北方一般平原区,地下水以潜水蒸发和人工开采为主要排泄方式,河道排泄次之;南方一般平原区,地下水以河道排泄和潜水蒸发为主要排泄方式。山前冲、洪积扇地带,包气带多由砂性土组成,有利于垂向入渗补给,含水层多由粗砂或卵砾石组成,厚度一般大于 20 m,地下径流和开采条件较好,单井出水量一般大于 50 m^3/h,地下水埋深一般大于 3 m,潜水蒸发较弱,水质良好。平原腹部或滨海地带,包气带多由黏性土组成,补给条件差,浅部含水层厚度小,一般由中细砂组成,地下径流和开采条件差,单井出水量一般小于 30 m^3/h,地下水埋深 1～3 m,潜水蒸发强烈,水质差,深部一般都发育有良好的承压含水层组,但由于补给条件差,不具有长期、稳定的供水意义。

沙漠区指由岩性单一的细砂和中粗砂组成的平原区,分布在我国干旱少雨地区,如新疆中部和北部、内蒙古中部和西部、宁夏西部和陕西西北部。该区地下水为沙漠孔隙水,接受少量降水或侧向径流补给,多消耗于蒸发。

内陆盆地平原区指分布在我国西北内陆河流域诸山间盆地中的平原区。地下水补给源以地表水体为主，排泄方式以潜水蒸发为主。该区的山前戈壁滩，由厚度达数十米至数百米的卵砾石夹砂组成，渗透性强，地下径流条件良好。戈壁滩以较陡的地面坡降向盆地腹部延伸，宽度几千米至几十千米不等，地下水埋深由后缘的几百米逐渐变化到前缘的 10 m 左右。戈壁滩以下至沙漠区边缘部分称细土平原，其包气带由亚砂土或亚黏土构成，厚度一般小于 5 m，下伏含水层由厚层中粗砂、卵砾石组成，地下径流及开采条件良好，单井出水量在 40 m^3/h 以上，地下水埋深小于 10 m，其中在细土平原的前缘，地下水以群泉的形式溢出地表，称溢出带。

山间盆地平原区指发育在山间的较开阔的平原区，山间河谷平原区指发育在山间河谷阶地上的狭长平原区，主要分布在海滦河及黄河流域的晋、冀、豫等省境内。包气带以亚砂土为主，含水层由中细砂组成，单井出水量一般为 30～40 m^3/h。地下水以降水补给为主，山前侧渗和地表水体补给为辅，以人工开采、潜水蒸发、河道排泄等方式排泄，地下水埋深 2～5 m。

黄土高原台塬阶地区指黄土高原中较平坦的地区，多发育在古老的河谷阶地上，主要分布在黄河流域中游，总面积近 1.5 万 km^2。包气带及含水层的岩性组成较单一，由黄土或黄土状亚砂土组成，无良好的含水层组，开采条件差。地下水类型为黄土孔隙-裂隙水，降水为其主要补给源，以向河道水平排泄为主，地下水埋深在 10～30 m 之间。

2.3.1 我国地下水类型分布

地下水的形成和分布，受地质、气候、水文等自然因素的控制。我国地下水资源的分布存在明显的地区差异，自西向东的昆仑山-秦岭-淮河一线，既是我国自然地理景观的重要分界线，也是我国区域水文地质条件和地下水区域分布存在明显差异的分界线，此线以南地下水资源丰富，以北地下水资源相对贫乏。

2.3.1.1 不同地区地下水资源量

根据第二轮全国地下水资源评价结果，地下水资源南方比北方丰富。南方地区：地下淡水天然资源量每年为 6 094 亿 m^3，占全国地下淡水天然资源量的 69%；可开采资源量每年为 1 991 亿 m^3，占全国地下水可开采资源量的 56%。北方地区：地下淡水天然资源量每年为 2 743 亿 m^3，占全国地下淡水天然资源量的 31%；可开采资源量每年为 1 536 亿 m^3，占全国地下水可开采资源量的 44%。各省（区、市）的地下水资源情况见表 2-2。

表 2-2 各省（区、市）地下水资源量　　单位：亿 m^3/a

省（区、市）	天然补给资源量				可开采资源量
	<1 g/L	1～3 g/L	3～5 g/L	小　计	<1 g/L
北　京	33.76			33.76	26.33
天　津	5.44	5.45	4.86	15.75	2.84
河　北	131.60	31.98	6.68	170.26	99.54
山　西	87.32	4.08		91.40	53.78
内蒙古	263.52	24.95	4.04	292.51	140.17
辽　宁	164.91			164.91	91.76
吉　林	123.00	7.53		130.53	86.09

表 2-2(续)

省(区、市)	天然补给资源量				可开采资源量
	<1 g/L	1~3 g/L	3~5 g/L	小　计	<1 g/L
黑龙江	310.89	3.96		314.85	211.45
上　海	8.38	4.30	0.26	12.94	1.14
江　苏	117.84	15.11	51.92	184.87	80.68
浙　江	113.92			113.92	46.78
安　徽	216.25			216.25	135.21
福　建	306.88	0.39	0.52	307.79	33.51
江　西	230.48			230.48	73.37
山　东	139.95	66.24	10.19	216.38	114.31
河　南	158.27	4.87	1.44	164.58	155.89
湖　北	410.57			410.57	165.21
湖　南	461.67			461.67	146.00
广　东	694.78	5.72		700.50	284.94
广　西	754.64			754.64	273.38
海　南	158.19			158.19	60.45
重　庆	143.86			143.86	40.79
四　川	545.98			545.98	174.94
贵　州	437.71			437.71	132.59
云　南	747.31	0.99	4.14	752.44	190.35
西　藏	795.83	62.56	25.76	884.15	202.04
陕　西	158.16	10.99	1.51	170.66	55.86
甘　肃	108.47	16.75	7.57	132.79	42.34
青　海	265.82			265.82	98.29
宁　夏	17.15	10.75	2.63	30.53	13.44
新　疆	629.55			629.55	234.87
台　湾	90.57			90.57	56.86
香　港	3.75	0.10		3.85	2.55
澳　门	0.06			0.06	0.03
全　国	8 836.48	276.72	121.52	9 234.72	3 527.78

注:表中数据来源于第二轮全国地下水资源评价结果。

山区地下水资源多于平原区。平原区:地下水天然资源量每年约为 2 567 亿 m^3,可开采资源量每年约为 1 561 亿 m^3。山区:地下水天然资源量每年约为 6 668 亿 m^3,可开采资源量(主要分布于山间盆地和河谷平原)每年约为 1 966 亿 m^3(表 2-3、表 2-4)。

表 2-3　地下水天然资源量分布　　单位：亿 m^3/a

分布地区	全国	北方	南方
平原	2 566.81	1 648.90	917.91
山区	6 667.91	1 334.25	5 333.66
合计	9 234.72	2 983.15	6 251.57

注：表中数据来源于第二轮全国地下水资源评价结果。

表 2-4　地下水（淡水）可开采资源量分布　　单位：亿 m^3/a

分布地区	全国	北方	南方
平原	1 561.19	1 089.84	471.35
山区	1 966.59	446.47	1 520.12
合计	3 527.78	1 536.31	1 991.47

注：表中数据来源于第二轮全国地下水资源评价结果。

根据我国地下水资源的形成和分布特点，将全国分为 27 个地下水资源区。从各区的地下水资源分布来看，以珠江流域和雷琼地区最为丰富，其地下水天然资源补给模数（每年每平方千米补给量）分别达 32.24 万 m^3 和 41.53 万 m^3；长江流域平均补给模数为 14.82 万 m^3，其中洞庭湖流域达 23.12 万 m^3；西北地区最小，不足 5 万 m^3（表 2-5）。

表 2-5　不同地区地下淡水资源量

资源区		天然补给资源量		可开采资源量	
		资源量/（亿 m^3/a）	模数/[万 $m^3/(km^2 \cdot a)$]	资源量/（亿 m^3/a）	模数/[万 $m^3/(km^2 \cdot a)$]
黑松流域		520.51	5.86	328.34	3.66
辽河流域		246.47	8.63	154.74	10.91
黄淮海地区		635.33	11.46	512.10	10.18
黄河流域	黄河下游	40.45	16.22	40.53	16.21
	黄土高原	130.54	5.42	93.75	6.40
	鄂尔多斯高原及银川平原	72.85	5.61	39.58	3.14
	黄河上游	141.44	6.25	43.78	2.09
	小　计	385.28	6.11	217.64	4.30
内陆地区	内蒙古北部高原	40.08	1.64	17.21	1.67
	河西走廊及北山地区	63.23	2.04	32.06	1.17
	柴达木盆地	60.99	2.96	30.98	1.71
	准噶尔盆地	296.17	7.24	90.45	4.87
	塔里木盆地	333.39	3.17	144.42	3.02
	藏北高原	105.20	2.70		
	小　计	899.06	3.45	315.12	2.58

表 2-5(续)

资源区		天然补给资源量		可开采资源量	
		资源量 /(亿 m^3/a)	模数 /[万 m^3/(km^2·a)]	资源量 /(亿 m^3/a)	模数 /[万 m^3/(km^2·a)]
长江流域	长江下游	180.82	16.31	98.14	8.86
	长江中游	494.86	17.31	185.82	6.78
	四川盆地	389.19	19.64	153.69	7.76
	金沙江流域	592.44	8.61	142.10	3.01
	鄱阳湖水系	213.00	13.38	68.54	4.41
	洞庭湖水系	590.14	23.12	177.17	6.94
	乌江流域	185.96	20.96	62.86	7.08
	小　计	2 646.41	14.82	888.32	5.72
珠江流域	珠江、韩江流域	561.81	38.20	200.86	22.28
	西江流域	985.16	29.60	316.18	10.11
	小　计	1 546.97	32.24	517.04	12.83
闽浙丘陵地区		385.78	18.97	67.97	5.72
台湾地区		90.56	25.16	56.86	15.79
雷琼地区		372.33	41.53	194.06	21.65
怒江、澜沧江流域		621.22	15.28	158.65	4.41
雅江流域		527.01	13.67	157.47	4.08
全国合计		8 836.48	10.61	3 527.78	5.70

注:黄淮海地区已包括黄河下游区。表中数据来源于第二轮全国地下水资源评价结果。

2.3.1.2 不同类型地下水资源数量

地下水赋存于不同的含水层之中,根据含水层介质性质和赋存状态,地下水可分为孔隙水、岩溶水和裂隙水三种类型。

孔隙水:主要分布于平原、河谷平原和山间盆地的松散沉积地层中。孔隙水在开发利用上占主要的地位。孔隙水的天然资源量每年为 2 810 亿 m^3,可开采资源量每年为 1 686 亿 m^3。

岩溶水:赋存于不同埋藏深度的碳酸盐岩层的溶洞、溶隙、裂隙中。岩溶水的天然资源量每年为 2 116 亿 m^3,可开采资源量每年为 870 亿 m^3。

裂隙水:主要蕴藏于丘陵山区的基岩风化裂隙或构造裂隙中。裂隙水的天然资源量每年为 4 308 亿 m^3,可开采资源量每年为 971 亿 m^3。

2.3.1.3 我国主要平原和盆地的地下水资源分布情况

我国各大平原和盆地是地下水资源的富集区。其中松辽平原、三江平原、黄淮海平原、河西走廊、准噶尔盆地、塔里木盆地、柴达木盆地、四川盆地等平原、盆地的地下水天然资源量每年达 2 045 亿 m^3,占全国地下水天然资源量的 22%,地下淡水可开采资源量每年为 1 082 亿 m^3,占全国地下水可开采资源量的 31%(表 2-6)。

表 2-6　主要平原和盆地的地下水资源量　　单位：亿 m^3/a

平原、盆地	天然资源量	可开采资源量
松辽平原	276.69	224.68
三江平原	81.60	68.72
黄淮海平原	546.04	343.59
河西走廊	61.16	25.72
准噶尔盆地	296.17	90.45
塔里木盆地	333.39	144.43
柴达木盆地	60.99	30.98
四川盆地	389.19	153.69
合计	2 045.23	1 082.26

注：表中数据来源于第二轮全国地下水资源评价结果。

2.3.2　地下水水源地的类型

2.3.2.1　根据水文地质条件分类

殷昌平等在著作《地下水水源地勘查与评价》中，从我国水源地实际分布情况出发，采用自然条件、地质构造条件、含水介质类型和边界条件等综合指标作为分类依据，侧重考虑水源地勘查方法、评价方法和允许开采量组成的差别，对地下水水源地进行了分类。

含水介质构成了地下水储存与运移的空间。不同的含水介质可形成不同类型的地下水，构成不同类型的地下水系统，而且在勘查方法上差别也较大，因此选用含水介质作为水源地类的划分指标，将地下水水源地划分为孔隙水类水源地、岩溶水类水源地、裂隙水类水源地和特殊类水源地（表 2-7）。

表 2-7　地下水水源地 4 类 16 型

<table>
<tr><th>类</th><th>型</th><th>“型”划分依据</th><th>“类”划分依据</th></tr>
<tr><td rowspan="8">孔隙水类水源地</td><td>山间河谷、山间峡谷、山间平原水源地</td><td rowspan="8">地貌条件</td><td rowspan="16">含水介质</td></tr>
<tr><td>山间盆地水源地</td></tr>
<tr><td>冲洪积扇区水源地</td></tr>
<tr><td>冲湖积平原区水源地</td></tr>
<tr><td>傍河水源地</td></tr>
<tr><td>黄土塬水源地</td></tr>
<tr><td>沙漠区水源地</td></tr>
<tr><td>裸露岩溶水源地</td></tr>
<tr><td rowspan="2">岩溶水类水源地</td><td>覆盖岩溶水源地</td><td rowspan="2">埋藏条件</td></tr>
<tr><td>埋藏岩溶水源地</td></tr>
<tr><td rowspan="2">裂隙水类水源地</td><td>碎屑岩水源地</td><td rowspan="2">岩性条件</td></tr>
<tr><td>块状岩水源地</td></tr>
<tr><td rowspan="4">特殊类水源地</td><td>玄武岩水源地</td><td rowspan="4">评价方法和待查明水文地质问题的差异性</td></tr>
<tr><td>泉源水源地</td></tr>
<tr><td>滨海、岛屿区水源地</td></tr>
<tr><td>多年冻土区水源地</td></tr>
</table>

注：该表来源于殷昌平等编著的《地下水水源地勘查与评价》。

需要说明的是，特殊类水源地可以是因为含水介质上的差异性，或者是因为水源地地下水资源评价上的独特性，或者是因为水源地待查明问题的相似性，或者是因为自然条件的特殊性等，而无法归入前3类水源地时，单独划分为特殊类。例如玄武岩水源地，其含水介质为裂隙孔洞，它既不完全属于裂隙水类，又非岩溶水类，所以只能单独划入特殊类中。又如泉源水源地，主要考虑其地下水资源勘查及评价方面的独特性，并不十分注重含水介质类型的差别；如果按含水介质类型差异分别分类，类型划分太繁杂，不便于使用，而且不能很好地体现出地下水资源勘查与评价方面的共性特征。滨海、岛屿区水源地主要是查明咸水体或淡水体的形成及分布规律，所以也不考虑含水介质这个指标。多年冻土区水源地主要是由于气候因素影响了地下水的储存和运动方式，因此以考虑其勘查方法的特殊性为主，也不考虑含水介质的差异性。

“型”的划分主要选用地貌条件、埋藏条件和岩性条件等综合考虑。孔隙水类水源地以地貌条件作为“型”的划分依据，分为7种型；岩溶水类水源地以埋藏条件作为“型”的划分依据，分为3种型；裂隙水类水源地以岩性条件作为“型”的划分依据，分为2种型；特殊类水源地主要以评价方法和待查明水文地质问题的差异性作为“型”的划分依据，分为4种型。因此，我国地下水水源地划分为16种型。“型”的划分不仅要反映出勘查方法和查明水文地质问题上的差异性，而且也要反映出地下水资源评价上的差异性，或者说是允许开采量的组成方面的差异性。这4类16型基本上可以包含我国水源地的实际情况。

2.3.2.2 根据允许开采量的组成分类

考虑到不同类型水源地的允许开采量的组成不同，在长期开采过程中，允许开采量能否得到保证，需要进行预测评价。因此，也可将水源地划分为3个类型，即稳定型水源地、调节型水源地和消耗型水源地。在水源地勘查与评价过程中，根据水文地质条件的分类方法和这种分类方法是有一定联系的。根据水文地质条件分类是为指导水源地勘查和评价，这种分类是在根据水文地质条件分类的基础上对其勘查结果的保证程度作出评价。如傍河地区水源地，允许开采量由地表水补给量组成，开采后允许开采量有保证，形成稳定的开采动态，这类水源地属于稳定型水源地，具有进一步扩大开采的潜力；平原地区浅层地下水，允许开采量由降水入渗量和减少蒸发消耗量组成，开采条件下允许开采量受降水动态的影响，形成周期性变化，这类水源地属于调节型水源地；平原深层地下水，由于补给条件差，允许开采量一般以消耗弹性储存量为主，水源地开采后，出现开采量逐年减小、水位逐年降低的非稳定动态，这类水源地属于消耗型（也称非稳定型）水源地。

2.3.2.3 根据需水量大小分类

《供水水文地质勘察规范》（GB 50027—2001）中，根据需水量大小，将水源地分为4级：特大型，需水量≥15万 m^3/d；大型，5万 m^3/d≤需水量＜15万 m^3/d；中型，1万 m^3/d≤需水量＜5万 m^3/d；小型，需水量＜1万 m^3/d。

2.4 水文地质参数的计算方法

水文地质条件是进行地下水资源评价的关键内容，具体包括含水层的类型、含（隔）水层（组）的空间分布特征、地下水补径排条件、边界的位置和类型以及水文地质参数等。这一部分主要讲述水文地质参数的计算方法。

地下水资源量计算中经常采用的水文地质参数主要有降水入渗补给系数、河道渗漏补给系数、渠系渗漏补给系数、灌溉入渗补给系数(包括渠灌田间入渗补给系数和井灌回归系数)、潜水蒸发系数、给水度、渗透系数、导水系数、弹性释水系数、压力传导系数及越流系数等。水文地质参数的计算主要有地下水动态观测法、抽水试验法、室内试验法、水均衡法和数值模拟方法等。本书主要讲述地下水动态观测法和水均衡法，抽水试验法、室内试验法和数值模拟方法请读者自行参考相关书籍。

2.4.1　降水入渗补给系数

雨水通过包气带下渗到达地下水面，地下水得到补给，这部分补给量称为降水入渗补给地下水的量，简称为降水入渗补给量。降水入渗补给系数 α 为：

$$\alpha = \frac{P_r}{P} \tag{2-1}$$

式中，α 为降水入渗补给系数；P_r 为降水入渗补给量；P 为降水量。降水入渗补给系数按计算时段分为次降水入渗补给系数 $\alpha_{次}$、年降水入渗补给系数 $\alpha_{年}$ 和多年平均降水入渗补给系数 $\overline{\alpha}_{年}$。

影响 α 值大小的因素很多，主要有包气带岩性、地下水埋深、降水量大小和强度、土壤前期含水量、气候条件、地形地貌、植被及地表建筑设施等。根据相关实验站资料分析，降水入渗补给系数在埋深较小时，随埋深的增加而增大，至埋深 3～4 m 时达到最大，之后随埋深的增加而减小，逐步趋于稳定，在埋深大于 6 m 以后，埋深影响很微弱，降水量的影响要大于埋深的影响。

确定 α 值的方法主要有地下水水位动态资料法、地中渗透仪测定法和试验区水均衡法等，其中尤以地下水水位动态资料法更为常用。

在侧向径流较微弱、地下水埋藏较浅的平原区，可根据降水后地下水水位升幅、变幅带相应埋深段给水度值的乘积与降水量的关系计算 α 值，计算公式为：

$$\alpha_{年} = \frac{\mu \times \sum \Delta h_{次}}{P_{年}} \tag{2-2}$$

式中，$\alpha_{年}$ 为年降水入渗补给系数；$\sum \Delta h_{次}$ 为年内各次降水引起的地下水水位变幅的总和，mm；$P_{年}$ 为年降水量，mm；μ 为给水度。式(2-2)即为利用地下水水位动态资料计算降水入渗补给系数的公式。

分析 α 值应选用具有较长地下水水位动态观测系列的观测井资料，受地下水开采、灌溉、侧向径流、河渠渗漏影响较大的长观资料，不适宜作为分析计算 α 值的依据。

采用水均衡试验场地中渗透仪测定不同地下水埋深、岩性、降水量的 α 值具有直观、快捷等优点，但是，地中渗透仪测定的 α 值是特定的地下水埋深、岩性、降水量和植被条件下的 α 值，地中渗透仪中地下水水位固定不变，与野外地下水水位随降水入渗而上升的实际情况不同。因此，当将地中渗透仪测算的 α 值移用到降水入渗补给量均衡计算区时，要结合均衡计算区实际的地下水埋深、岩性、降水量和植被条件进行必要的修正。当地下水埋深不大于 2 m 时，地中渗透仪测得的 α 值偏大较多，不宜使用。

在浅层地下水开采强度大、地下水埋藏较深且已形成地下水水位持续下降漏斗的平原区(又称超采区)，可采用水量平衡法及多元回归分析法推求降水入渗补给系数 α 值。

表 2-8 为中国地质调查局 2004 年在《地下水流数值模拟技术要求》中以河北平原为例

给出的降水入渗补给系数参考值。

表 2-8 降水入渗补给系数值

分区	包气带岩性	水位埋深/m				
		<2	2～4	4～6	6～8	>8
冲洪积平原	中砂、粗砂	0.28～0.30	0.35～0.45		0.30～0.35	
	细砂、粉砂	0.26～0.28	0.28～0.32		0.28～0.30	
	粉土	0.14～0.23	0.23～0.33	0.33～0.38	0.28～0.25	0.25～0.23
	粉质黏土	0.11～0.16	0.16～0.24	0.22～0.18	0.18～0.16	0.16～0.14
	黏土	0.09～0.13	0.14～0.16	0.16～0.12	0.14～0.10	0.12～0.10
冲湖积平原及滨海平原	细砂、粉砂	0.25～0.36	0.36～0.40	0.40～0.28	0.28～0.24	0.24～0.22
	粉土	0.14～0.24	0.20～0.28	0.29～0.22	0.26～0.20	0.18～0.16
	粉质黏土	0.12～0.19	0.15～0.26	0.26～0.18	0.18～0.14	0.14～0.12
	黏土	0.11～0.13	0.13～0.15	0.15～0.13	0.13～0.12	0.12～0.11

南方岩溶地下河系统的降水入渗补给系数明显高于北方平原地区的降水入渗补给系数，如地苏地下河流域的平均降水入渗补给系数值在 0.6 左右。

2.4.2 河道渗漏补给系数

河道渗漏补给系数是指河道渗漏损失量中补给地下水的水量与河道渗漏损失量的比值，即：

$$m_{河} = \frac{Q_{河渗}}{Q_{损}} \tag{2-3}$$

式中，$m_{河}$ 为河道渗漏补给系数；$Q_{河渗}$ 为河道渗漏损失量中补给地下水的水量；$Q_{损}$ 为河道渗漏损失量。对于常年有水的河流，河床及其周边地下介质已处于饱和状态，下渗的水不再损耗于河道周边浸润及潜水蒸发等，而是以重力水的形式向下运移，可以近似地认为河道渗漏量全部补给了地下水；对于季节性河流，当前期无水时，河床及其周边地下介质处于非饱和状态，河道渗漏量中一部分要损耗于河道周边浸润，一部分补给地下水，因此，应对不同时期的水文测验资料及地下水动态资料分别进行整理和分析计算。

2.4.3 渠系渗漏补给系数

渠系渗漏补给系数是指渠系渗漏补给量与渠首引水量的比值，即：

$$m_{渠} = \frac{Q_{渠渗}}{Q_{渠引}} \tag{2-4}$$

式中，$m_{渠}$ 为渠系渗漏补给系数，主要影响因素是渠道衬砌程度、渠道两岸包气带和含水层岩性特征、地下水埋深、包气带含水量、水面蒸发强度以及渠系水位和过水时间；$Q_{渠渗}$ 为渠系渗漏补给量，可根据渠道两岸渠系渗漏补给影响范围内渠系过水前后地下水水位升幅、变幅带给水度 μ 值等资料计算，还可以根据达西公式计算；$Q_{渠引}$ 为渠首引水量。除了根据式(2-4)计算 $m_{渠}$ 值之外，还可以按照下列方法分析确定 $m_{渠}$ 值：

$$m_{渠} = \gamma(1 - \eta) \tag{2-5}$$

式中，γ 为修正系数(无因次)；η 为灌溉渠系送入田间的水量与渠首引水量的比值，在数值上等于干、支、斗、农、毛各级渠道有效利用系数的连乘积，大、中型灌区的固定渠道一般分为干渠、支渠、斗渠、农渠四级，农渠以下的小渠道一般为季节性的临时渠道。

渠首引水量 $Q_{渠引}$ 与进入田间的水量 $Q_{渠引}\eta$ 之差为 $Q_{渠引}(1-\eta)$。实际上，渠系渗漏补给量 $Q_{渠渗}$ 应是 $Q_{渠引}(1-\eta)$ 减去消耗于湿润渠道两岸包气带土壤（称浸润带，下同）和浸润带蒸发的水量、渠系水面蒸发量、渠系退水量和闸门漏水量。水面蒸发损失一般不足渗漏损失水量的5%，在渠道流量计算中常忽略不计；闸门漏水量和渠系退水量取决于工程质量和用水管理水平，可以通过加强灌区管理工作予以限制。渠系渗漏损失水量近似地看作总输水损失水量。修正系数 γ 为渠系渗漏补给量 $Q_{渠渗}$ 与 $Q_{渠引}(1-\eta)$ 的比值，可通过有关测试资料或调查分析确定。γ 值的影响因素较多，首先主要受水面蒸发强度和渠道衬砌程度控制，其次还受渠道过水时间长短、渠道两岸地下水埋深以及包气带岩性特征和含水量多少的影响。γ 值的取值范围一般在0.3～0.9之间，水面蒸发强度大（即水面蒸发量 E_0 值大）、渠道衬砌良好、地下水埋深小、间歇性输水时，γ 取小值；水面蒸发强度小（即水面蒸发量 E_0 值小）、渠道未衬砌、地下水埋深大、长时间连续输水时，γ 取大值。

2.4.4　灌溉入渗补给系数

灌溉入渗补给系数（包括渠灌田间入渗补给系数 $\beta_{渠}$ 和井灌回归补给系数 $\beta_{井}$）是指田间灌溉入渗补给量 $Q_{入渗}$ 与进入田间的灌水量 $Q_{灌}$（渠灌时，$Q_{灌}$ 为引入田间的水量；井灌时，$Q_{灌}$ 为实际开采量，下同）的比值，即：

$$\beta = \frac{Q_{入渗}}{Q_{灌}} \tag{2-6}$$

影响 β 值大小的因素主要是包气带岩性、地下水埋深、灌溉定额及耕地的平整程度。$Q_{入渗}$ 可根据灌水后地下水水位的平均升幅 ΔH 与变幅带给水度 μ 计算。$Q_{灌}$ 可采用引灌水量或根据次灌溉定额与年灌溉次数计算。除了根据式(2-6)计算 β 值之外，还可以根据以下方法确定 β 值：

(1) 根据野外灌溉试验资料，确定不同土壤岩性、地下水埋深、次灌溉定额时的 β 值。

(2) 在缺乏地下水水位动态观测资料和有关试验资料的地区，可采用降水前土壤含水量较低、次降水量大致相当于次灌溉定额情况下的次降水入渗补给系数 α 值近似地代表灌溉入渗补给系数 β 值。

(3) 在降水量稀少（降水入渗补给量甚微）、田间灌溉入渗补给量基本上是地下水唯一补给来源的干旱区，选取灌区地下水埋深大于潜水蒸发极限埋深的计算时段（该时段内潜水蒸发量可忽略不计），采用下式计算 β 值：

$$\beta = \frac{Q_{开} \pm \mu \Delta h F}{Q_{灌}} \tag{2-7}$$

式中，$Q_{开}$ 为计算时段内灌区平均浅层地下水实际开采量；Δh 为计算时段内灌区平均地下水水位变幅，计算时段初地下水水位较高（或地下水埋深较小）时取负值，计算时段末地下水水位较高（或地下水埋深较小）时取正值；F 为灌区面积；$Q_{灌}$ 为计算时段内灌区平均田间灌水量（包括井灌水量和渠灌水量）。

表2-9所列为中国地质调查局2004年在《地下水流数值模拟技术要求》中以河北平原为例给出的灌溉入渗补给系数参考值。

表 2-9　灌溉入渗补给系数参考值

分区	岩性	β类别	灌水定额/[m³/(亩·次)]	不同地下水埋深下的β值					
				1～2 m	2～3 m	3～4 m	4～6 m	6～8 m	>8 m
冲洪积平原	粉质黏土、黏土	$\beta_{井}$	40～50	0.22～0.23	0.20	0.15～0.18	0.13～0.16	0.10～0.13	0.10～0.11
	粉质黏土、黏土	$\beta_{渠}$	50～70	0.25～0.26	0.23～0.25	0.20～0.21	0.17～0.19	0.14～0.15	0.10～0.13
	粉土、粉细砂	$\beta_{井}$	40～50	0.27	0.20～0.25	0.15～0.22	0.13～0.19	0.10～0.19	0.10～0.13
	粉土、粉细砂	$\beta_{渠}$	50～70	0.26～0.30	0.25～0.27	0.20～0.25	0.17～0.22	0.15～0.18	0.10～0.16
冲湖积平原—滨海平原	黏土	$\beta_{井}$	40～50	0.17	0.11	0.08	0.07	0.07	0.07
	粉质黏土	$\beta_{井}$	40～50	0.18～0.22	0.16～0.18	0.13～0.16	0.11～0.13	0.10	0.08～0.10
	粉质黏土	$\beta_{渠}$	50～70	0.19～0.22	0.17～0.20	0.16～0.18	0.13～0.15	0.12	0.10
	粉土	$\beta_{渠}$	40～50	0.20～0.27	0.19～0.22	0.17～0.18	0.14～0.15	0.11～0.13	0.10～0.11
	粉土	$\beta_{渠}$	50～70	0.22～0.27	0.20～0.25	0.18～0.23	0.15～0.20	0.17	0.13
	粉质黏土与粉土互层	$\beta_{井}$	40～50	0.19	0.18	0.16	0.13	—	—
	粉质黏土与粉土互层	$\beta_{渠}$	50～70	0.20	0.19	0.17	0.14	—	—
	粉质黏土与粉土互层	$\beta_{井}$	80	—	0.23	0.23	—	—	—

2.4.5　潜水蒸发系数

潜水蒸发系数是潜水蒸发量与水面蒸发量的比值，计算公式为：

$$E = E_0 C = k E_0 \left(1 - \frac{\Delta}{\Delta_0}\right)^n \tag{2-8}$$

式中，E 为潜水蒸发量；E_0 为水面蒸发量；C 为潜水蒸发系数；k 为作物修正系数(无因次)，无作物时 k 取 0.9～1.0，有作物时 k 取 1.0～1.3；Δ 为潜水水位埋深；Δ_0 为潜水蒸发极限埋深；n 为与介质性质有关的参数，一般取 1～3。

水面蒸发量采用 E601 型蒸发器(皿)的观测值，其他型号蒸发器(皿)的观测结果应换算成 E601 型蒸发器(皿)的数值。潜水蒸发极限埋深是指潜水停止蒸发的深度，一般可取 4 m 左右，单独从岩性来讲，砂砾石的潜水蒸发极限埋深要小于黏土的潜水蒸发极限埋深。

在影响潜水蒸发的因素中，以潜水埋深和气象条件最为突出，气象条件通过水面蒸发量反映。潜水埋深为零时，潜水蒸发量最大，随着潜水埋深增大，潜水蒸发量减小，当潜水埋深达到某一深度时，潜水蒸发量趋近于零。水面蒸发量越大，则潜水蒸发量越大；反之，越小。表 2-10 所列为中国地质调查局 2004 年在《地下水流数值模拟技术要求》中以河北平原为例给出的潜水蒸发系数参考值。

表 2-10　潜水蒸发系数值

分区	岩性	水位埋深/m				
		1～2	2～3	3～4	4～5	5～6
冲洪积平原	砂	0.47～0.05	0.05～0.02	<0.02	—	—
	粉土	0.25～0.05	0.05～0.03	<0.03	—	—
	粉质黏土	0.20～0.04	0.04～0.02	<0.03	—	—

表 2-10(续)

分区	岩性	水位埋深/m				
		1～2	2～3	3～4	4～5	5～6
冲湖积平原	粉细砂	0.275～0.125	0.125～0.071	0.071～0.035	0.035～0.01	<0.01
	粉土	0.25～0.131	0.131～0.077	0.077～0.038	0.038～0.01	<0.01
	黏性土	0.10～0.065	0.065～0.04	0.04～0.026	0.026～0.015	<0.015
	高位黏土	0.078～0.062	0.062～0.041	0.041～0.024	0.024～0.011	<0.011

2.4.6 给水度

给水度 μ 是指饱和岩土在重力作用下自由排出的重力水的体积与该饱和岩土体积的比值，是衡量岩土给水性能大小的数量指标。给水度 μ 值的大小主要与岩性及介质的颗粒级配、孔隙度、裂隙发育程度及密实度等有关。确定给水度的方法很多，目前，在区域地下水资源量评价工作中常用的方法有以下几种：

(1) 抽水试验法。抽水试验法适用于典型地段特定岩性的给水度测定。在含水层满足均匀无限(或边界条件允许简化)的地区，可采用抽水试验法测定的给水度成果。

(2) 地中渗透仪测定法和筒测法。通过均衡场地中渗透仪测定(测定的是特定岩性给水度)或利用特制的测筒进行筒测，即利用测筒(一般采用截面积为 3 000 cm^2 的圆铁筒)在野外采取原状土样，在室内注水令土样饱和后，测量自由排出的重力水体积，以排出的重力水体积与饱和土样体积的比值定量为该土样的给水度。这两种测定方法直观、简便，特别是筒测法，可测定黏土、亚黏土、亚砂土、粉细砂、细砂等岩土的给水度 μ 值。

(3) 实际开采量法。该方法适用于地下水埋深较大(此时，潜水蒸发量可忽略不计)且受侧向径流补排、河道补排和渠灌入渗补给都十分微弱的地区的给水度 μ 值测定。根据无降水时段(称计算时段)内观测区浅层地下水实际开采量、潜水水位变幅，采用下式计算给水度 μ 值：

$$\mu = \frac{Q_{开}}{F \cdot \Delta h} \tag{2-9}$$

式中，$Q_{开}$ 为计算时段内观测区浅层地下水实际开采量，m^3；Δh 为计算时段内观测区浅层地下水平均水位降幅，m；F 为观测区面积，m^2。

在选取计算时段时，应注意避开动水位的影响。为提高计算精度，可选取开采强度较大、能观测到开采前和开采后两个较稳定的地下水水位且开采前后地下水水位降幅较大的集中开采期作为计算时段。

(4) 其他方法。在浅层地下水开采强度大、地下水埋藏较深或已形成地下水水位持续下降漏斗的平原区(又称超采区)，可采用年水量平衡法及多元回归分析法推求给水度 μ 值。

由于岩土组成与结构的差异，给水度 μ 值在水平、垂直两个方向变化较大。目前，μ 值的试验研究与各种确定方法都还存在一些问题，影响 μ 值的测试精度。因此，各地应尽量采用多种方法计算，相互对比验证，并结合相邻地区确定的 μ 值进行综合分析，合理定量。表 2-11 所列为中国地质调查局 2004 年在《地下水流数值模拟技术要求》中以河北平原为例给出的给水度参考值。

表 2-11　给水度参考值

岩性	冲洪积平原	冲湖积平原—滨海平原
砾石、卵石	0.23～0.26	—
粗砂含砾石	0.20～0.23	—
粗砂	0.18～0.21	0.10～0.06
中砂	0.15～0.18	0.075～0.12
细砂	0.13～0.17	0.06～0.08
粉砂	0.09～0.13	0.05～0.07
细粉砂	0.105～0.15	0.055～0.08
粉土	0.06～0.08	0.045～0.074
粉土与粉质黏土互层	0.045～0.07	0.035～0.06
粉质黏土	0.03～0.06	0.035～0.05
粉质黏土与黏土互层	0.04～0.05	0.03～0.045
黏土	0.03～0.04	0.025～0.03

2.4.7　渗透系数

渗透系数为水力坡度(又称水力梯度)等于 1 时的渗透速度。影响渗透系数 K 值大小的主要因素是岩性及其结构特征。确定渗透系数 K 值的方法有抽水试验、室内试验测定、野外同心环或试坑注水试验以及颗粒分析、孔隙度计算等。其中,采用稳定流或非稳定流抽水试验,并在抽水井旁设有水位观测孔,确定 K 值的效果最好。上述方法的计算公式及注意事项、相关要求等可参阅有关水文地质书籍。

渗透系数一般具有各向异性。在冲积平原地区,水平方向的 K 值和垂直方向的 K 值往往相差数倍至 10 余倍,水平方向的 K 值明显大于垂直方向的 K 值。表 2-12 所列为中国地质调查局 2004 年在《地下水流数值模拟技术要求》中以河北平原为例给出的水平方向渗透系数参考值。

表 2-12　水平方向渗透系数值　　单位:m/d

岩性	黏土	亚黏土	亚砂土	粉砂	粉细砂	细砂	中细砂
渗透系数	0.83	1.30	2.50	5.00	8.10	10.70	20.00
岩性	中砂	中粗砂	粗砂	砂砾石	砾石	卵砾石	—
渗透系数	52.60	123.50	187.10	343.80	773.20	975.20	—

2.4.8　导水系数、弹性释水系数、压力传导系数及越流系数

导水系数 T 是表示含水层导水能力大小的参数,在数值上等于渗透系数 K 与含水层厚度 M 的乘积,T 值大小的主要影响因素是含水层岩性特征和厚度。弹性释水系数 μ^*(又称弹性储水系数,无因次)表示当承压含水层地下水水位变化为 1 个单位时,单位面积含水层中释放(或储存)的水量,其主要影响因素是承压含水层的岩性及埋藏部位,μ^* 的取值范围一般为 10^{-3}～10^{-5},弹性释水率 μ_s(又称弹性储水率)乘以含水层厚度 M 即为 μ^*。压力传导系数 a 是表示地下水压力传播速度的参数,在数值上等于导水系数与释

水系数（潜水时为给水度 μ，承压水时为弹性释水系数 μ^*）的比值，主要影响因素是含水层的岩性特征和厚度。越流系数 σ' 表示弱透水层在垂向上的导水性能，在数值上等于弱透水层的渗透系数与该弱透水层厚度的比值（$\sigma' = K/M$），影响 σ' 值大小的主要因素是弱透水层的岩性特征和厚度。T、μ^*、a 和 σ' 等水文地质参数的计算公式等可参阅有关水文地质书籍。

2.4.9　缺乏有关资料地区水文地质参数的确定

缺乏地下水水位动态观测资料、水均衡试验场资料和其他野外的或室内的试验资料的地区，可根据类比法原则，移用条件相同或相似地区的有关水文地质参数。移用时，应根据移用地区与被移用地区间在水文气象、地下水埋深、水文地质条件等方面的差异，进行必要的修正。

2.5　地下水补给量的计算

地下水补给量包括降水入渗补给量、河道渗漏补给量、水库（湖泊、塘坝）渗漏补给量、渠系渗漏补给量、侧向补给量、渠灌入渗补给量、越流补给量、人工回灌补给量及井灌回归量，沙漠区还应包括凝结水补给量。地下水补给量的计算主要包括参数（系数）法、解析法（地下水动力学法、剖面法）、水均衡法和数值法。

2.5.1　降水入渗补给量

降水入渗补给量是指降水（包括坡面漫流和填洼水）渗入土壤中并在重力作用下渗透补给地下水的水量，可以采用降水入渗补给系数法和地下水动态分析法计算。

2.5.1.1　降水入渗系数法

降水入渗补给量的计算公式为：

$$P_r = \alpha \cdot P \tag{2-10}$$

式中，P_r 为降水入渗补给量；α 为降水入渗补给系数；P 为降水量。

2.5.1.2　地下水动态分析法

平原地区，地势平坦，地下径流微弱，在一次降水后，水平排泄和垂直蒸发都较小，地下水水位的上升是降水入渗的结果，降水入渗补给量可以用下式表示：

$$P_r = \Delta H \cdot \mu \tag{2-11}$$

山丘区地势起伏较大，地下水水位变化较大，一般不宜采用动态分析法计算。

2.5.2　河道渗漏补给量

当河道水位高于河道岸边地下水水位时，河水渗漏补给地下水。要求对河道的水文特性和河道岸边的地下水水位变化情况进行分析，确定年内河水补给岸边地下水的河段和时段，逐河段进行年内各时段的河道渗漏补给量计算。对于那些汛期补给地下水、汛后排泄地下水的河道或河段，若补给量大于排泄量，则将二者的差值列入该河道或河段的渗漏补给量中；若排泄量大于补给量，则将二者的差值列入该河道或河段的排泄量中；若补排水量大体相当，可不进行该河道或河段的渗漏补给量或排泄量的计算。河道渗漏补给量除了可以采用河道渗漏补给系数进行计算之外，还可采用下述两种方法计算。

2.5.2.1　水文分析方法

该方法也叫断面测流法，适用于河道附近无地下水水位动态观测资料但具有完整的计量河水流量资料的地区。计算公式为：

$$Q_{河渗} = [(Q_{上} - Q_{下}) - E_0 BL]\Delta t \tag{2-12}$$

式中，$Q_{河渗}$ 为河道渗漏补给量；$Q_{上}$、$Q_{下}$ 为河道上、下游断面河流流量；Δt 为渗漏补给时间；E_0 为水面蒸发量；B 为水面平均宽度；L 为上、下游断面之间的河流长度。

2.5.2.2 地下水动力学法(剖面法)

当河道水位变化比较稳定时，可沿河道岸边切割剖面，通过该剖面的水量即为河水对地下水的补给量，如图 2-2 所示。单侧河道渗漏补给量采用达西公式计算：

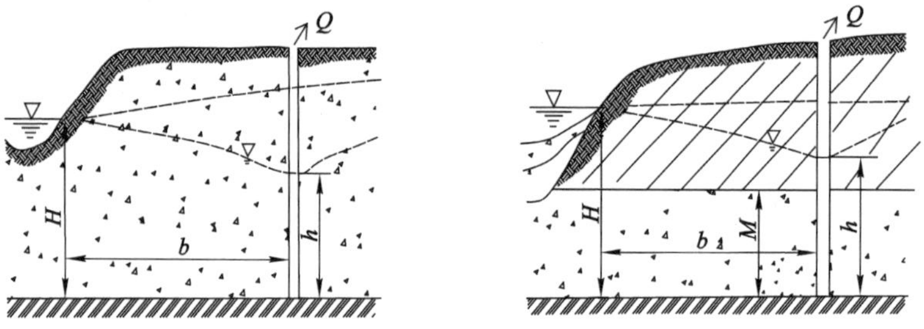

图 2-2 计算河水渗漏量示意图

(a) 潜水；(b) 承压水

潜水：

$$Q_{河渗(单)} = KL\frac{H^2 - h^2}{2b}\Delta t \tag{2-13}$$

承压水：

$$Q_{河渗(单)} = KL\frac{M(H - h)}{b}\Delta t \tag{2-14}$$

式中，$Q_{河渗(单)}$ 为单侧渗漏补给量；K 为渗透系数；H 为由隔水底板算起的河水平均水位；h 为开采区地下水水位；b 为开采井与河流的距离；M 为含水层厚度；Δt 为渗漏补给时间。

若河道或河段两岸水文地质条件类似且都有渗漏补给时，则式(2-13)或式(2-14)计算的 $Q_{河渗(单)}$ 的 2 倍即为该河道或河段两岸的渗漏补给量。剖面的切割深度应是河水渗漏补给地下水的影响带(该影响带的确定方法参阅有关水文地质书籍)的深度；当剖面为多层岩性结构时，K 值应取用计算深度内各岩土层渗透系数的加权平均值。

2.5.3 水库渗漏补给量

当水库(湖泊、塘坝)等蓄水体的水位高于岸边地下水水位时，水库等蓄水体渗漏补给岸边地下水；反之，接受地下水的排泄。计算方法如下。

2.5.3.1 地下水动力学法(剖面法)

沿水库周边切割剖面，利用式(2-13)或式(2-14)计算，技术要求基本与利用式(2-13)或式(2-14)计算河道渗漏补给量时相同，只是水库不存在两岸补给情况。

2.5.3.2 出入水量平衡法

计算公式为：

$$Q_{库} = Q_{入库} + P_{库} - E_0 - Q_{出库} - E_{浸} \pm Q_{库蓄} \tag{2-15}$$

式中，$Q_{库}$ 为水库渗漏补给量；$Q_{入库}$、$Q_{出库}$ 分别为入库水量和出库水量；E_0 为水库的水面蒸发量(采用 E601 型蒸发器的观测值或换算成 E601 型蒸发器的蒸发高度);$P_{库}$ 为水库水面的降水量;$E_{浸}$ 为水库周边浸润带蒸发量;$Q_{库蓄}$ 为水库蓄变量(即年初、年末水库蓄水量之差,当年初水库蓄水量较大时取"+"值,当年末水库蓄水量较大时取"－"值)。湖泊和塘坝渗漏补给量的计算与水库类似。

2.5.4 渠系渗漏补给量

渠系是指干、支、斗、农、毛各级渠道的统称。渠系水位一般均高于其岸边的地下水水位,故渠系水一般均补给地下水。渠系水补给地下水的水量称为渠系渗漏补给量。计算方法如下。

2.5.4.1 地下水动力学法(剖面法)

沿渠系岸边切割剖面,计算渠系水通过剖面补给地下水的水量,采用式(2-13)计算,技术要求与利用式(2-13)计算河道渗漏补给量时相同。

2.5.4.2 渠系渗漏补给系数法

计算公式为:

$$Q_{渠渗} = m_{渠} Q_{渠引} \tag{2-16}$$

2.5.5 灌溉入渗补给量

灌溉入渗补给量包括渠灌入渗补给量和井灌回归补给量,是指灌溉水进入田间后,入渗补给地下水的水量。计算公式为:

$$Q_{入渗} = \beta Q_{灌} \tag{2-17}$$

2.5.6 人工回灌补给量

人工回灌补给量是指通过井孔、河渠、坑塘或田面等方式,人为地将地表水等灌入地下且补给地下水的水量,可根据不同的回灌方式采用不同的计算方法。例如,井孔回灌,可采用调查统计回灌量的方法;河渠、坑塘或田面等方式的人工回灌补给量,可分别按计算河道渗漏补给量、渠系渗漏补给量、水库渗漏补给量或渠灌田间入渗补给量的方法进行计算。

2.5.7 山前侧向补给量

山前侧向补给量 $Q_{侧补}$ 是指在山前地带,以地下径流的方式补给平原区浅层地下水的水量,在区域地下水资源量中占有较大的比例。例如,河北平原的山前平原区,面积 6 184 km^2,山前侧向补给量达到 30.66 亿 m^3/a,占河北平原地下水资源量的 30%,它的重要性仅次于降水入渗补给量,具有长期稳定的供水利用价值。

山前侧向补给量一般采用剖面法计算,计算公式为:

$$Q_{侧补} = KJHL\Delta t \tag{2-18}$$

式中,$Q_{侧补}$ 为山前侧向径流补给量;K 为含水层渗透系数;J 为垂直于剖面线方向上的水力坡度;H 为剖面处的含水层厚度;L 为计算断面长度;Δt 为计算时段长度。

选择的剖面线位置应尽可能靠近补给边界,即山区平原界限,水力坡度 J 应与剖面线垂直,不垂直时,应根据剖面走向与地下水流向间的夹角,对水力坡度 J 值按余弦关系进行换算。剖面线一般选择在有水文地质钻孔控制的盆地边缘线上,而且与地下水流向垂直,计算剖面根据补给边界水文地质条件、地貌条件划分若干段,依据各段参数计算。渗透系数 K 取其计算剖面线上控制性水文地质钻孔抽水试验成果的平均值,不同含水层和弱透水层的厚度取用加权平均值,无资料地区,根据水文地质条件、含水层岩性等类比选用。含水层厚度 H,根据计算剖面线上的控制性钻孔,选取计算剖面线现状开采条件下含水层平均厚度。

剖面的底界一般采用当地浅层地下水含水层的底板。剖面线一般为折线，应分段分别计算各折线段剖面的山前侧向补给量，并以各分段计算结果的总和作为全剖面的山前侧向补给量。

长期以来，人们一直认为山前侧向补给量在平原区地下水资源量中无关紧要，其实并非如此。20 世纪 80 年代中期，人们发现在多年的平原区年降雨量基本相同的情况下，如果这一年平原补给边缘的山区降雨量较少，则平原地区的地下水资源量将出现严重减少的现象，因此必须重视山前侧向补给量的计算。

2.5.8 越流补给量

越流指两含水层通过中间的弱透水层产生的水量交换，其中，低水位含水层接受高水位含水层的越流补给量，计算公式为：

$$Q_{越流} = \Delta H F \sigma' \Delta t \tag{2-19}$$

式中，$Q_{越流}$ 为越流补给量；ΔH 为上、下两含水层水头差；Δt 为计算时段；σ' 为越流系数；F 为计算面积。

2.6 地下水排泄量的计算

地下水排泄量主要包括河川基流量、山前泉水出流量、山前侧向流出量、河床潜流量、潜水蒸发量和地下水实际开采净消耗量。地下水排泄量的计算主要包括参数（系数）法、解析法（地下水动力学法、剖面法）、均衡法和数值法。这里不介绍数值法计算排泄量。

2.6.1 河川基流量

河川基流量是山丘区地下水向河流排泄的主要排泄项，也叫清水流量，计算方法包括地下水动力学法（剖面法）、水均衡法和基流分割法等。下面主要介绍常用的基流分割方法。

2.6.1.1 直线平割法

将枯季最小平均（最小日平均、最小月平均、连续几个月最小平均等）流量视作基流，平行分割全年流量过程线，直线以下部分即为河川基流量。直线平割法的精确度取决于所选最小流量是否合适。在降水比较集中的情况下，枯水期持续时间一般较长，河川径流往往降低到最小值，用最小日平均流量分割得出的河川基流量偏小，可作为河川基流量的下限值；在降水年内分配比较均匀的情况下，河川径流始终较大，用最小月平均流量分割得出的基流量也往往较大，可作为河川基流量的上限值。直线平割法是一种简化方法，工作量较小，精确度不高，尤其是对于面积较大的区域，宜与其他比较精确的方法比较后采用。

对于单次降雨，也可以采用直线平割法进行基流分割。此时假定在一次降雨以前，河流流量就是地下径流量，从实测流量过程线的起涨点 a 作一水平线交过程线的退水段于 e 点，即把 e 点作为地表径流的终止点，水平线 ae 就是该次洪水的地表地下径流分割线，ae 线以下的就是基流，具体如图 2-3 所示。

当包气带较厚、该次降雨历时较短，且与上一次降雨之间的天数较多时，直线平割法具有一定的精度。

2.6.1.2 直线斜割法（以综合退水线法为例）

直线斜割法是一种应用十分广泛的方法。斜割法同样假定在一次降雨以前，河流流量

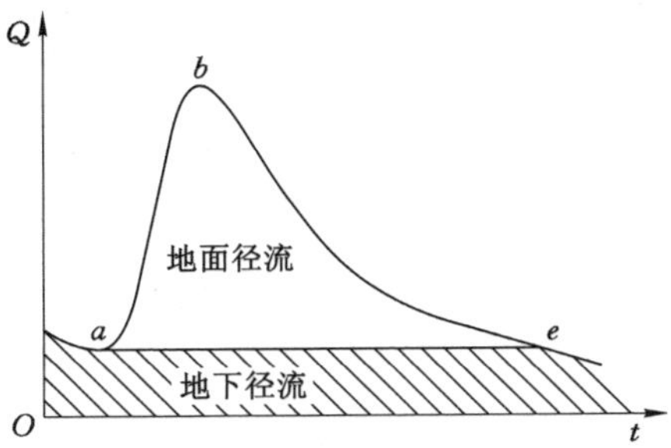

图 2-3　平割法分割河川基流量

就是地下径流量。当包气带不厚，雨后浅层地下水补给总量有所增加，则可用斜直线分割基流。它是在日均流量过程线上将洪水起涨点与退水转折点（又称拐点）以斜直线相连，该直线以下部分作为基流量。如图 2-4 所示，从实测流量过程线的起涨点 a 到地面径流终止点 e 连一斜线 ae，ae 线以下的即为基流。

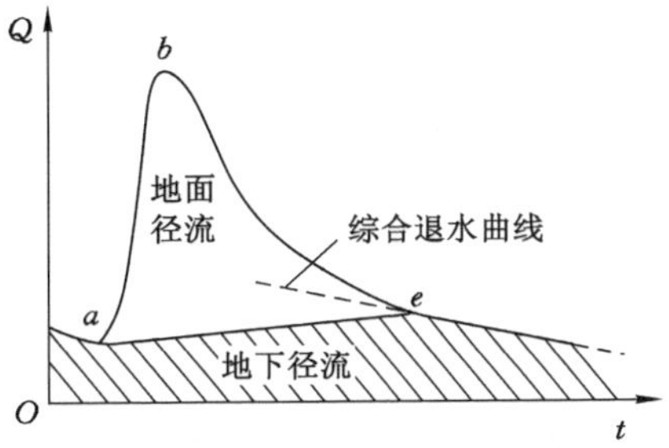

图 2-4　斜割法分割河川基流量

退水转折点可用综合退水曲线法确定。首先绘制历年或包括丰、平、枯水年的逐日平均流量过程线、降水量过程线，选择峰后无雨、退水时间较长的退水段若干条，绘于同一坐标上（流量过程线纵、横坐标比例尺要历年一致），并使其尾部重合，得出组合线的下包线即为综合退水曲线，最后将综合退水曲线与需分割的流量过程线进行匹配，匹配后的两条曲线的分叉处即为退水转折点。

退水流量的方程可表示为：

$$Q_t = Q_0 \, e^{-\alpha t} \tag{2-20}$$

式中，Q_0 为时段初退水流量；Q_t 为 t 时刻退水流量；α 为消退指数（衰减系数）。

2.6.2　地下河出口和岩溶泉的流量衰减分析

地下水流量衰减研究在地下水资源评价、径流模拟和认识含水层水文地质特征等方面具有重要意义，在没有实测水文地质和地表水资料或者实测资料不足的情况下尤为重要。国内外的水文地质学家和水文学家对含水层地下水流量衰减的研究已有一百多年的历史，其中，衰减方程形式的研究是流量衰减研究的重要内容，对衰减方程表达式也已经进行了大量的研究，积累了一批有代表性的衰减方程。

不同的研究者对不同的流域进行分析时，使用了各式各样的衰减方程，衰减方程有数十种，但究竟哪一种具有更广泛的适用性或者在何种条件下使用何种方程至今仍没有一致的结论。常用的衰减方程包括单一指数型、叠加指数型、双曲线型和直线型等，其中又以单一指数型和叠加指数型最为常用。

2.6.2.1 单一指数型衰减方程

图 2-5 为湖南洛塔蚌蚌洞地下河流量衰减过程，图中表现出了明显的分段现象，现采用单一指数型衰减方程拟合流量衰减过程。具有三段动态的单一指数型衰减方程的形式为一分段函数：

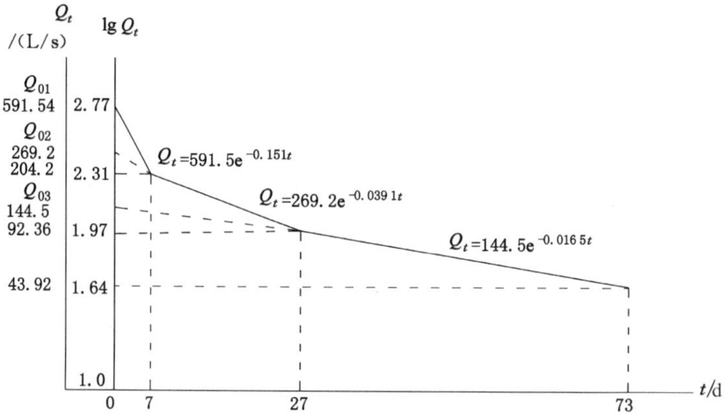

图 2-5 湖南洛塔蚌蚌洞地下河流量衰减过程示意图(来自洛塔岩溶地质研究组，1984)

$$Q_t = \begin{cases} Q_{01}\ e^{-\alpha_1 t} & [0, t_1] \\ Q_{02}\ e^{-\alpha_2 t} & [t_1, t_2] \\ Q_{03}\ e^{-\alpha_3 t} & [t_2, t_3] \end{cases} \tag{2-21}$$

为了建立流量衰减过程式，必须确定各亚动态的始点流量 Q_{0i} 和流量衰减系数 α_i，将各线段的延长线与 $\lg Q_t$ 轴相交，从而求出各个 $Q_{0i}\ (i = 1,2,3)$，再过折线的各转折点分别向 $\lg Q_t$ 轴及 t 轴作垂线而得 $\lg Q_{ti}\ (i = 1,2,3)$ 及 $t_i\ (i = 1,2,3)$，按下式计算出各亚动态的衰减系数 $\alpha_i\ (i = 1,2,3)$，即：

$$\alpha_1 = \frac{\lg Q_{01} - \lg Q_{t1}}{0.434 \times (t_1 - 0)} \tag{2-22}$$

$$\alpha_2 = \frac{\lg Q_{t1} - \lg Q_{t2}}{0.434 \times (t_2 - t_1)} \tag{2-23}$$

$$\alpha_3 = \frac{\lg Q_{t2} - \lg Q_{t3}}{0.434 \times (t_3 - t_2)} \tag{2-24}$$

根据衰减方程可以进行衰减期各个含水介质的排泄量计算，即：

$$V = V_1 + V_2 + V_3 \tag{2-25}$$

$$V_1 = \int_0^{t_1} (Q_{01}\ e^{-\alpha_1 t} - Q_{02}\ e^{-\alpha_2 t})\,dt \tag{2-26}$$

$$V_2 = \int_{t_1}^{t_2} (Q_{02}\ e^{-\alpha_2 t} - Q_{03}\ e^{-\alpha_3 t})\,dt \tag{2-27}$$

$$V_3 = \int_{t_2}^{t_3} Q_{03}\ \mathrm{e}^{-\alpha_3 t} \mathrm{d}t \tag{2-28}$$

式中，V_1、V_2、V_3 为相应于第一、二、三亚动态的排泄量。

对于具有三个亚动态的衰减过程来说，V_1 表示管道和大规模裂隙中排泄的水量，V_2 表示中等规模裂隙中排泄的水量，V_3 表示细小裂隙和孔隙中排泄的水量，其中 V_3 最大。有时也将 V_1 和 V_2 称为相应介质的存储量，如果衰减时间足够长，V_3 也可以称为相应介质的存储量。

2.6.2.2 叠加指数型衰减方程

除了单一指数型衰减方程外，叠加指数型衰减方程也很常用，其形式为：

$$Q(t) = \sum_{i=1}^{n} Q(0)_i\ \mathrm{e}^{-\alpha_i t} \tag{2-29}$$

式中，$Q(t)$ 是 t 时刻的流量；$Q(0)_i$ 是第 i 种介质开始衰减时的流量；n 表示介质的类型数，当孔隙、裂隙和管道同时存在时 $n=3$。以 $n=2$ 且是孔隙-管道衰减系统来说明新叠加指数方程中 α_i 和 $Q(0)_i$ 的确定方法。第一衰减段中包括 α_1 和 α_2，α_1 是管道流量衰减的单一指数型方程中的衰减系数，管道流量为总流量减去相应时刻的孔隙水向管道的补给量，但第一段中的孔隙水向管道的补给过程通过实测的流量衰减过程是很难直接获得的，由于第一衰减段的时间相对较短，可以认为第一段中的孔隙水的 α_2 与第二段的 α_2 是相同的，即采用第二段衰减方程反向延伸的方法获得第一段中孔隙水向管道的补给过程。第二段的 α_2 直接使用单一指数型衰减方程获得。

2.6.2.3 衰减系数的时变特征

前面提到的衰减系数为常数，不能进行衰减系数的时变特性等方面的分析。参考在油藏工程中石油产量衰减分析时使用的衰减系数的定义，这里给出岩溶地下河系统或者其他类型流域出口流量衰减过程中衰减系数的两种定义，分别是瞬时衰减系数和名义衰减系数，这两种定义与石油产量衰减分析中的定义是相似的。

2.6.2.3.1 瞬时衰减系数

瞬时衰减系数是以瞬时流量变化为基础的，表达式为：

$$\alpha(t) = -\frac{\mathrm{d}Q_t}{\mathrm{d}t}\frac{1}{Q_t} \tag{2-30}$$

式中，$\alpha(t)$ 为瞬时衰减系数，单位为 1/d、1/min 等，常用的为 1/d；Q_t 为 t 时刻流量。

瞬时衰减系数一般使用 Δt 和相应时间内的流量变化 ΔQ_t 代替相应的微分进行计算，见下式：

$$\alpha(t) = -\frac{Q_{t+\Delta t} - Q_t}{\Delta t}\frac{1}{Q_t} = -\frac{\Delta Q_t}{\Delta t}\frac{1}{Q_t} \tag{2-31}$$

一方面由于地下河流量观测资料存在各种误差，另一方面由于地下河流量衰减过程中受降雨等的影响，所以如果流量数据仅在某一个时刻上取值，计算得到的 $\alpha(t)$ 还不能反映衰减系数的变化趋势，这时，可以分别在时刻 t 和时刻 $t+\Delta t$ 附近求 Q_t 和 $Q_{t+\Delta t}$ 的平均值，此时 $\alpha(t)$ 记为：

$$\alpha(t) = -\frac{\bar{Q}_{t+\Delta t} - \bar{Q}_t}{\Delta t}\frac{1}{Q_t} \tag{2-32}$$

式(2-32)中 $\alpha(t)$ 包含了 Q_t 和 $Q_{t+\Delta t}$，严格来讲，已经不是瞬时衰减系数了，但这里不对式(2-32)中的 $\alpha(t)$ 重新命名，仍然称其为瞬时衰减系数，只需在使用时说明是使用式(2-30)、式(2-31)还是式(2-32)即可。

2.6.2.3.2　名义衰减系数

在衰减分析研究过程中，往往需要分析各种影响因素与衰减系数的关系，但瞬时衰减系数有明显的时变特性，不便于进行分析。对整个衰减曲线或衰减曲线的某衰减段使用单一指数方程拟合时对应的瞬时衰减系数称为名义衰减系数，记为 α，这也是目前我们普遍采用的衰减系数，该衰减系数为常数，在某个衰减时间段内是唯一的，是瞬时衰减系数的某种平均值，单位为 1/d、1/min 等，常用的为 1/d。

不同的衰减系数反映的都是流量的相对变化速度，瞬时衰减系数反映的是瞬时流量相对变化速度，并用瞬时流量表示；名义衰减系数反映的是整个衰减过程内或者某一衰减段内流量的某种平均相对变化速度。一般不加说明都是指名义衰减系数。

使用式(2-32)计算贵州省后寨岩溶地下河流域冒水坑站 1998 年 10 月 11 日至 1998 年 12 月 23 日流量衰减过程的瞬时衰减系数。式(2-32)中 t 和 $(t+\Delta t)$ 时刻的流量平均值 $\overline{Q}_t$ 和 $\overline{Q}_{t+\Delta t}$ 的计算公式如下：

$$\overline{Q}_t = \frac{1}{n+1}\sum_{i=0}^{n} Q_{t+i} \tag{2-33}$$

$$\overline{Q}_{t+\Delta t} = \frac{1}{n+1}\sum_{j=0}^{n} Q_{t+\Delta t+j} \tag{2-34}$$

式(2-33)和式(2-34)中 Q_{t+i} 和 $Q_{t+\Delta t+j}$ 分别为 $(t+i)$ 和 $(t+\Delta t+j)$ 时的流量，n 取 1，Δt 取 2 d。瞬时衰减系数随时间的变化过程如图 2-6 所示。从图 2-6 可知衰减系数整体上随衰减时间增加而变小。在第一、二衰减段内，衰减系数值也是整体上变小的，其中第一段整体变小的趋势比第二段明显，第三段(在整个衰减过程开始的 35 d 以后)衰减系数值变化很小，基本没有变小的趋势，这说明第一、二段的衰减不稳定，而第三段衰减稳定。

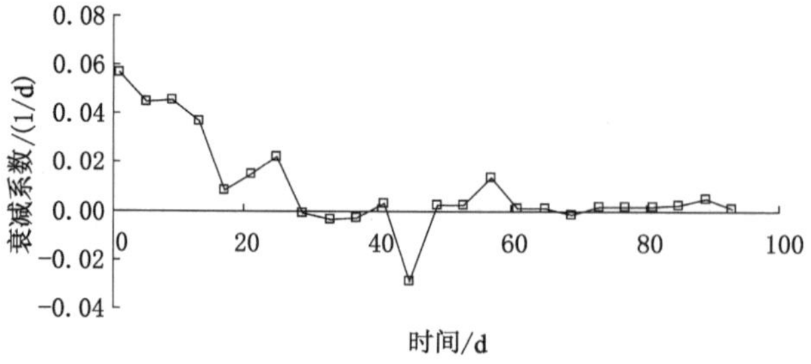

图 2-6　瞬时衰减系数随时间的变化过程

流量衰减过程及单一指数型衰减方程拟合如图 2-7 所示。衰减系数分别为 0.058 1、0.012 6和 0.004 1，衰减时间分别为 11 d、24 d 和 39 d。

2.6.3　河床潜流量

河床潜流量是指河流出口处，河床被厚度较大的第四纪沉积物所覆盖，河床未能切

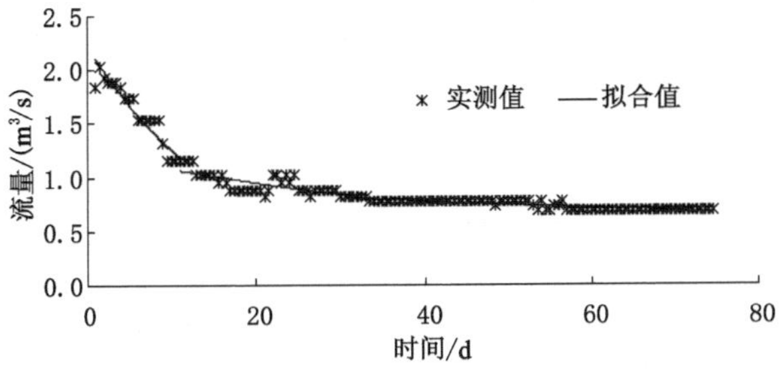

图 2-7　流量衰减过程及单一指数衰减方程拟合

割到基岩，这时出口断面所测的径流量不是全部的径流量，尚有一小部分以潜流形式下泄，便是河床潜流量（河床沉积物中的径流量），主要采用地下水动力学（剖面法）计算，公式如下：

$$Q_{潜} = KJA\Delta t \tag{2-35}$$

式中，$Q_{潜}$为河床潜流量；K为渗透系数；J为水力坡度，可以使用河床比降代替；A为垂直于地下水流向的河床潜流过水断面面积；Δt为计算时段长度。

2.6.4　潜水蒸发量

潜水蒸发量按照式(2-8)计算。

2.6.5　地下水开采净消耗量

开采地下水用于工农业生活时，有一部分水又能重新回归地下，故只计算其中的净消耗部分。一般采用开采净消耗系数法计算，计算公式为：

$$Q_{净耗} = \delta Q_{开采} \tag{2-36}$$

式中，$Q_{净耗}$为地下水开采净消耗量；δ为地下水开采净消耗系数，在井灌区，$(1-\beta_{井})$（$\beta_{井}$为井灌回归系数）即为农业开采净消耗系数；$Q_{开采}$为地下水开采量。

2.7　可开采量的计算

2.7.1　地下水可开采量的含义

地下水可开采量是指在经济合理、技术可能且不发生因开采地下水而造成水位持续下降、水质恶化、海水入侵、地面沉降等水环境问题和不对生态环境造成不良影响的情况下，允许从含水层中取出的最大水量，地下水可开采量应小于相应地区地下水总补给量。

地下水可开采量不仅考虑了水资源量情况，还考虑了技术和经济条件。由定义可知，地下水可开采量是随着社会经济的发展而发生变化的。地下水可开采量、地下水允许开采量和地下水可持续开采量，在本书中不加以区分。

可开采量的分析计算像地下水资源量一样，一般也会给出不同频率年下的数值。

2.7.2　地下水可开采量的分级

地下水可开采量根据普查、初勘、详勘和开采四个勘察阶段可划分为A、B、C、D、E五级，各级精度的分析和评价如表2-13所列。

表 2-13 地下水可开采量分级精度要求

勘察阶段	精度分级	水文地质条件	动态观测	边界条件	水文地质参数	计算评价
普查	E	了解区域水文地质条件和地下水资源分布状况	收集、分析资料	调查水文地质单元的边界条件	经验类比估计值	概略评价地下水资源状况，估算地下水允许开采量
	D	调查评价区水文地质条件和地下水资源状况；初步分析含水层和地下水分布条件，初步划分可能富水地段	收集资料、现场调查；观测资料不少于包括枯水期半年以上；泉流量观测资料不少于2个水文年		经验类比提出或根据单孔抽水试验求取	
初勘	C	初步查明评价区或地下水源区水文地质条件和地下水资源状况；分析主要含水层的分布及水文地质特征，圈定富水地段	观测资料不少于1个水文年；泉流量观测资料不少于3个水文年	初步查明水文地质单元的边界条件	根据抽水试验和地下水观测资料计算求取	初步评价地下水资源、计算地下水允许开采量。允许误差±35%
详勘	B	查明水文地质条件和地下水资源状况；查明拟开采含水层的分布特征，圈定宜井区	观测资料不少于2个水文年；泉源水源地流量观测资料不少于5个水文年	查明并量化水文地质单元或计算区的边界条件；建立相应的水文地质概念模型	根据多孔抽水试验或开采性抽水试验及地下水观测资料计算求取	评价地下水资源，论证并确定地下水允许开采量；泉源水源地应计算不同保证率的允许开采量。允许误差±20%
开采	A	查明开采运行条件下水文地质条件和地下水资源的变化情况，分析、论证出现的水文地质问题；具有为解决水源地具体课题所进行的专门研究和试验成果	3年以上开采动态资料；泉源水源地流量、水质观测资料不少于10年	验证、修正水文地质单元或计算区的边界条件，验证、完善水文地质概念模型	根据水源地开采动态资料，验证水文地质参数	对地下水允许开采量进行系统的多年均衡计算和评价，允许误差±10%；提出改造、扩建和保护地下水资源的建议措施

注：该表来源于《地下水资源勘察规范》(SL 454—2010)。

2.7.3 实际开采量调查法

适用条件：① 地下水水位基本保持不变；② 地下水实际开采量统计资料较准确、完整且潜水蒸发量不大；③ 地下水开发利用程度较高。此时，可将该期间多年平均浅层地下水实际开采量近似确定为该地区多年平均浅层地下水可开采量。地下水开采程度一般用地下水开采系数反映，表达式为：

$$开采系数 = \frac{地下水实际开采量}{可开采量} \tag{2-37}$$

2.7.4 可开采系数法

可开采系数法适用于含水层水文地质条件研究程度较高的地区。这些地区，浅层地下水含水层的岩性组成、厚度、渗透性能及单井涌水量、单井影响半径等开采条件掌握得比较清楚。

$$Q_{可开采量} = \rho Q_{资源量} \tag{2-38}$$

可开采系数 ρ 的确定是该方法的关键。

水利电力部水电局于 1982 年提出了华北地区地下水可开采系数的经验值，如表 2-14 所列。

表 2-14 华北地区地下水可开采系数(水利电力部水电局 1982 年数据)

单井单位降深出水量 /[m^3/(h·m)]	地下水埋深	地下水全年变幅	开采程度	可采系数
>20	大	连年下降	超采	0.85～0.95
5～10	较大	较大	较高	0.75～0.85
5～10	较小	较小	较低	0.75～0.85
<2.5	较小	稳定	低	0.60～0.70

2002 年，水利部水利水电规划设计总院在《地下水资源量及可开采量补充细则(试行)》中指出了确定 ρ 时应遵循的基本原则：

(1) 由于浅层地下水总补给量中可能有一部分要消耗于水平排泄和潜水蒸发，故可开采系数 ρ 应不大于 1。

(2) 对于开采条件良好，特别是地下水埋藏较深、已造成水位持续下降的超采区，应选用较大的可开采系数，参考取值范围为 0.8～1.0。

(3) 对于开采条件一般的地区，宜选用中等的可开采系数，参考取值范围为 0.6～0.8。

(4) 对于开采条件较差的地区，宜选用较小的可开采系数，参考取值范围为不大于 0.6。

2.7.5 水均衡法

水均衡法实质上是用水量守恒原理分析地下水允许开采量的通用性方法。水均衡法需要参数较多而且资料比较齐全，可用于水源地或者区域的地下水可开采量的确定。

2.7.5.1 基本原理

对一个均衡区的含水层来说，在补给和消耗的不平衡发展过程中，任何一时段 Δt 内的补给量和消耗量之差，恒等于这个含水层中水体积(严格说是质量)的变化量。据此，可建立如下水均衡方程式，即：

潜水：

$$Q_{补} - Q_{消} = \pm \mu F \frac{\Delta h}{\Delta t} \tag{2-39}$$

承压水：

$$Q_{补} - Q_{消} = \pm \mu^* F \frac{\Delta h}{\Delta t} \tag{2-40}$$

式中，$Q_{补}$ 为各种补给的总量，m^3/a；$Q_{消}$ 为各种消耗(排泄)的总量，m^3/a；μ 为给水度，以小数计；μ^* 为弹性释水(储水)系数(无因次)；F 为均衡区的面积，m^2；Δh 为均衡期 t 内的水位变化，m；Δt 为均衡期，a。

以潜水为例，地下水在人工开采以前，在天然补给和排泄的作用下，形成一个不稳定的天然流场，雨季补给量大于排泄量，含水层内储存量增加，水位上升；雨季过后（特别是旱季）排泄量大于补给量，储存量减少，水位下降。但这种不平衡的发展过程具有一定的周期性（年周期和多年周期），从一个周期来看，这段时间的总补给量和总排泄量是接近相等的。人工开采等于增加一个地下水排泄项，它改变了地下水的天然补给和排泄条件，使地下水运动发生变化，即在天然流场上叠加了一个人工流场。人工开采在破坏原来的补给与排泄之间天然动平衡的同时，建立新的开采状态的动平衡。人工开采形成降落漏斗，使天然流场发生变化，使得天然排泄量减小而天然补给量增大。开采状态下的水均衡方程式为：

$$(Q_{补}+\Delta Q_{补})-(Q_{排}-\Delta Q_{排})-Q_{开}=-\mu F\frac{\Delta h}{\Delta t} \tag{2-41}$$

式中，$Q_{补}$ 为开采前的天然补给量，m^3/a；$\Delta Q_{补}$ 为开采时的补给总量，m^3/a；$Q_{排}$ 为开采前的天然消耗总量，m^3/a；$\Delta Q_{排}$ 为开采时天然消耗量的减少量总值，m^3/a；$Q_{开}$ 为人工开采量，m^3/a；$\mu F(\Delta h/\Delta t)$ 为开采漏斗所提供的存储量，m^3/a。

式(2-41)中各项均为正值。

$$Q_{开}=(Q_{补}+\Delta Q_{补})-(Q_{排}-\Delta Q_{排})+\mu F\frac{\Delta h}{\Delta t} \tag{2-42}$$

式中，$(Q_{补}+\Delta Q_{补})$ 为开采条件下的总补给量；$(Q_{排}-\Delta Q_{排})$ 为开采条件下的不能袭夺的排泄量。另外，由于开采前的天然补给总量与排泄总量在一个周期内是接近相等的，即 $Q_{补}=Q_{排}$，所以式(2-42)可以简化为：

$$Q_{开}=\Delta Q_{补}+\Delta Q_{排}+\mu F\frac{\Delta h}{\Delta t} \tag{2-43}$$

式(2-43)的开采量由下列三部分组成：

(1) 增加的补给总量 $\Delta Q_{补}$，也就是由于开采而夺取的额外补给总量。

(2) 减少的消耗总量 $\Delta Q_{排}$，如由于开采而引起的蒸发消耗减少、泉流量减小甚至消失、侧向流出量减少等。这部分水量是取水建筑物截取的天然排泄量的总量，可称为开采截取量，它的最大极限等于天然排泄量，即接近于天然补给总量。

(3) 可动用的存储量 $\mu F(\Delta h/\Delta t)$，是含水层中永久存储量所提供的一部分。

明确了开采量的组成后，就可以按各个组成部分来确定可开采量。开采量中的 $\Delta Q_{补}$ 只能合理地夺取，不能影响已建水源地的开采和已经开采含水层的水量，地表水的补给增量也应考虑是否允许利用，我们把合理的开采夺取量用 $\Delta Q_{允补}$ 表示。开采量中的 $\Delta Q_{排}$ 应尽可能多地截取，但也应考虑已经被利用的天然排泄量。例如天然排泄量中的泉水如果已经被利用，由于增加开采量而使泉的流量可能减少甚至枯竭，就是不允许的。截取天然排泄量的多少与取水建筑物的种类、布置地点、布置方案及开采强度有关。只有选择最佳开采方案，才能最大限度地截取。开采截取量的最大极限就是天然消耗总量，接近于天然补给总量。我们把合理的开采截取量用 $\Delta Q_{允排}$ 表示。开采量中的可动用的存储量应慎重确定，首先要看永久存储量是否足够大，还要考虑所用抽水设备的最大允许降深是多少。

2.7.5.2 不同动态类型的水源地(区域)的开采量组成

对于常年有补给的潜水含水层，比如常年有水的河谷区、经常有地表水补给的冲洪积扇区、河流岸边取水的地区等，当长期开采时，开采漏斗扩展到一定程度后，增加的补给量和减少的天然排泄量足以平衡开采量，开采漏斗不再扩大，存储量不再消耗，形成相对稳定的开采状态，这时开采量的组成关系为：

$$Q_{开} = (Q_{补} + \Delta Q_{补}) - (Q_{排} - \Delta Q_{排}) \tag{2-44}$$

或者：

$$Q_{可开} = \Delta Q_{允补} + \Delta Q_{允排} \tag{2-45}$$

具有这种相对稳定开采动态的地下水水源地，则称为稳定型水源地。

对于有季节性补给的潜水含水层，比如间歇性河谷、半干旱的山前区及有季节性补给的平原潜水区等，在旱季和雨季有不同的开采量组成关系。

旱季开采漏斗扩展，动用存储量：

$$Q_{开} = (Q_{补} + \Delta Q_{补}) - (Q_{排} - \Delta Q_{排}) + \mu F \frac{\Delta h}{\Delta t} \tag{2-46}$$

或者：

$$Q_{可开} = \Delta Q_{允补} + \Delta Q_{允消} + \mu F \frac{\Delta h}{\Delta t} \tag{2-47}$$

雨季补给充足，开采漏斗收缩，补充存储量：

$$Q_{开} = (Q_{补} + \Delta Q_{补}) - (Q_{排} - \Delta Q_{排}) - \mu F \frac{\Delta h}{\Delta t} \tag{2-48}$$

或者：

$$Q_{可开} = \Delta Q_{允补} + \Delta Q_{允消} - \mu F \frac{\Delta h}{\Delta t} \tag{2-49}$$

上述情况意味着依靠存储量的调节作用来保证开采量。这种利用存储量的调节达到相对稳定开采动态的水源地，可称为调节型水源地。

对于远离补给区和排泄区的潜水含水层，由于开采而增加的补给量和减少的天然排泄量并不能满足开采要求，从而使存储量不断消耗，漏斗也不断扩展，开采量的组成即为式(2-42)所示。这种不断消耗存储量而无法使漏斗稳定的水源地，可称为非稳定的消耗型水源地。

2.7.5.3 计算步骤

(1) 划分均衡区、确定均衡期、建立均衡方程式。因为各个均衡要素是随区域的水文地质条件不同而变化的，当计算面积较大时，不同地方的均衡要素差别较大，所以应将均衡要素大体一致的地区划为一个小区，将全部计算面积划分为若干小区。在分析了各均衡小区期内有哪些均衡要素后，就可以为各均衡小区建立相应的均衡方程式。

(2) 测定各个均衡小区的各个均衡要素值。

(3) 计算和评价允许开采量。将各均衡要素代入均衡方程式，计算各均衡小区的允许开采量，然后将各均衡小区的允许开采量相加即得到全区的允许开采量。

用水均衡法求地下水允许开采量，概念明确，易于理解，但要正确列出均衡方程式并把各个均衡要素准确测出却并非易事。因此，深入调查研究、全面掌握资料、具体地区具体分析、略去次要因素、抓住主要因素，就成为列均衡方程式的关键。而要把各均衡要素准确测出，还需要改进测试方法、提高观测质量才能做到。

2.7.6 解析法

应用地下水动力学解析法评价地下水允许开采量，是根据水文地质条件和布井方案，选用地下水动力学中相应的井流公式来计算各个井的涌水量，各个井的涌水量加起来便是开采量，只要没有不良后果发生，便是允许开采量。

解析法在理论上是较严密精确的，只要介质条件、边界条件和取水条件（取水构筑物结构、类型等）符合公式的假定条件，则计算出来的开采量是既能取得出来又有补给保证的水量（稳定流），或可以预报出该条件下开采时的水位变化情况（非稳定流）。

但在实际运用中，解析法也有困难，尽管各种不同条件下的公式很多，但完全符合公式中假定条件的情况是较少的。例如，介质条件要求均质或简单的非均质，而自然条件常是复杂的非均质；边界条件假定是无限、直线或简单的几何形态，而自然界常是复杂的边界；补给条件在自然界常是随时间而变化的，在解析法的公式中难于反映，只能简化为均匀连续的补给；等等。由于实际情况不能完全符合公式的假定条件，所以使严密准确的解析解也变为近似的了。

实际上除少数情况下可以直接运用水动力学解析公式计算出允许开采量（如有河流补给的岸边取水水源地、无补给的大面积承压水及边界简单的水源地等）以外，常常是用解析公式计算出开采量（只反映产水能力），再用水均衡法计算补给量来论证其保证程度，并评价在这样的开采条件下是否会引起其他不良后果。

解析法的计算过程，一般分三步进行：

第一步，利用勘察试验资料确定计算所需的水文地质参数，如渗透系数（或导水系数）、导压系数、释水系数（储水系数）、给水度等。

第二步，根据水文地质条件进行边界概化，同时依需水量拟订开采方案，选择公式。计算公式的选择应考虑以下几个问题：① 计算公式的选择问题应结合水文地质条件确定。自然界大都是非稳定流，一般情况下，均应采用非稳定井流公式。但在补给较好、井流较强的地段，如傍河（湖）和岩溶裂隙十分发育的地段，选用稳定流公式计算，既简便，又可获得较好的成果。② 根据地下水类型、含水介质性质和边界条件选择承压水井或潜水井、均质还是非均质、无限边界还是有限边界、有无渗入补给和越流补给等不同的公式。③ 按拟订的开采方案选用相应的公式，考虑取水构筑物的类型、结构、布局、井距等。

第三步，按设计的单井开采量、开采时间计算各井点特别是井群中心的水位降落值。如果各井的水位降深均符合设计要求，则说明开采方案满足设计要求，否则应重新调整各井的抽水量。

一般情况下，开采方案的可行性还需作出补给条件的论证。只有在有补给保证的条件下，计算结果方可作为可开采量或一定开采期限内的可开采量。

2.7.7 多年调节计算法

多年调节计算法适用于已求得不同岩性、地下水埋深的各个水文地质参数，且具有为水利规划或农业区划制定的井、渠灌区的划分以及农作物组成和复种指数、灌溉定额和灌溉制度、连续多年降水过程等资料的地区。

地下水的调节计算，是将历史资料系列作为一个循环重复出现的周期看待。所谓调节计算，是根据一定的开采水平、用水要求和地下水的补给量，分析地下水的补给与消耗的平衡关系。通过调节计算，既可以探求在连续枯水年份地下水可能降到的最低水位，又可以探求在连续丰水年份地下水最高水位的持续时间，还可以探求在丰、枯交替年份在以丰补歉模式下开发利用地下水的保证程度，从而确定调节计算期（可近似代表多年）适宜的开采模式、允许地下水水位降深及多年平均可开采量，这也是一种试算的方法。

多年调节计算期的选择有长系列和代表周期两种。前者选取长系列(如1980—2000年系列)作为调节计算期;后者选取包括丰、平、枯在内的8～10年一个代表性降水周期作为调节计算期。

2.7.8 开采试验法

开采试验法,也称为试验性开采抽水法。它是模拟水源地开采条件(包括开采方案、开采降深、开采量等)进行较长时期的抽水试验,根据抽水试验的结果确定允许开采量。

对于水文地质边界条件复杂、地下水补给条件难以查明或水文地质参数难以取得的中、小型水源,可应用开采试验法,以实际开采量来评价地下水允许开采量。此外,有的大型水源地,为提高地下水允许开采量的计算精度,也应用开采试验法。

在选定的水源地范围内,根据水文地质条件,选择合适的布井方案,打探采结合孔,最好在旱季,尽可能地按照或接近开采条件,进行较长时期、大流量、大降深试验性开采抽水。

用开采试验法求得的允许开采量是可靠而准确的。此法对于潜水或承压水、新水源地或旧水源地的扩建都能适用,但要花费较多的人力和物力。故在水文地质条件复杂,一时很难查清补给条件而又急需作出评价,且供水部门对水量的保证程度要求又较高时,才采用这种方法计算允许开采量,主要适用于中小型水源地详勘阶段和开采阶段。

2.7.9 地下水水文分析法

目前常用的方法有地下径流模数法和流量过程线分割法。

2.7.9.1 地下径流模数法

此法通常应用于岩溶区。其原理是,考虑到在一个地区内岩溶发育程度相差不大,其补给条件相近,可以认为地下暗河的流量与其面积是成正比的,其比例系数的意义就是单位补给面积内的地下径流量,即地下径流模数。在岩溶发育程度和补给条件相似的地区内,地下径流模数应是定值。因此,只要在该地区内选择一两个地下暗河通道测定出流量和相应的补给面积,计算出地下径流模数,再乘以全区的补给面积,便可求得区域地下水的径流量,以此作为区域地下水的允许开采量。

2.7.9.2 流量过程线分割法

在地下水排入常年有水的河流的地区,河流的补给来源大多为大气降水与地下水。在枯水期间,由于降水很少,河水流量几乎全部由地下水维持,此时河流的流量即为基流量;而在洪水期间,河水绝大部分为降水补给,这时的流量称为雨洪量,地下水补给比重极小,甚至河水倒流补给地下水。因此,可以充分利用水文站现成的河流水文图(即流量过程图),结合具体的水文地质条件,如含水层的埋藏条件、地下水和河水水力联系特点等,对地表水的流量过程线进行深入分析,则可把流量过程曲线上补给河水的地下径流量(基流量)分割出来。如果把评价区内各河流的水文图上的地下径流量都分割出来,即可得全区域的地下水径流量,作为该区域的地下水允许开采量。

2.7.10 随机模型法

在某些情况下,如水文地质边界条件较复杂,勘探、试验工作不多,获得的水文地质参数较少,对含水层内部结构尚未充分了解等,较难以建立和应用前述的解析法和数值法等确定性模型。而在这些地区,若有较长时间的地下水动态观测资料,可以通过建立随机模型来评价允许开采量,并对开采动态进行中、长期预报。

2.7.10.1 回归分析方法

回归分析方法也称相关分析法或相关外推法。它是根据开采地下水的历史资料或不同降深的抽水试验资料，用数理统计方法找出流量与降深或其他自变量之间的相关关系，并依据这种关系外推未来开采时的允许开采量，以及外推增大开采量以后的水位降深。

地下水的开采量与水位降深本来是函数关系，但是由于开采区的井数众多，影响因素复杂，加上人为的观测误差，常常使开采量和水位降深变为相关关系，所以可以用数理统计的方法来进行外推。

回归分析法是在现实物理背景下得出的统计规律，在此基础上适当地外推是可以的，但外推范围不能太大，否则物理背景可能发生变化，改变了原有的规律性。它适用于稳定型开采动态或调节型开采动态，或补给有余的旧水源地扩大开采时的地下水资源评价。如果已经是消耗型开采动态的水源地，则要用人工调蓄、节制开采来保护水源地，这时也可以用相关分析法，只是分析的内容不同了。

2.7.10.2 时间序列分析方法

从系统的观点出发，渗流场中地下水动态各要素的状态随时间的变化而变化的特性，可以认为是影响地下水动态变化各因素的输入，通过含水介质系统的转换（经过储存、传输、延时和平滑作用等），产生相应输出的结果，即系统输入、输出之间的信息反映了含水介质系统的特征。因此，可以根据实际观测的地下水水位（或水量）的时间序列来识别系统的特征函数或参数，进而建立相应的随机模型，以模拟该渗流时间序列特征，并预测其未来的变化。

此外，需要说明的是，应用各类随机模型进行预测时，时段不能太长，故它多适用于中、短期的水量预报或水位预报。

2.7.11 数值法

2.7.11.1 数值法的基本原理

数值法是随着电子计算机的出现而发展起来的。从理论上看，尽管它是对渗流偏微分方程的一种近似解，但实际应用中完全可以满足精度要求。它可以解决许多复杂条件下的地下水资源评价问题，应用广泛，是一种较好的方法。

在地下水资源评价中常用的数值法有两种，即有限单元法和有限差分法。这两种方法各有利弊，在实际运用中效果差不多。在解题过程中，它们在许多方面都是相似的，比如都把研究区域剖分成若干网格（有限差分法分为方形、矩形、三角形；有限元法常用三角形），将建立的偏微分方程离散成线性代数方程组，用电子计算机联立求解线性代数方程组。所不同的是在网格剖分上及线性化的方法上有所差别。

2.7.11.2 数值法的步骤

2.7.11.2.1 建立水文地质概念模型

在水文地质调查和勘探的基础上，研究分析计算区域的地质、水文地质条件，概化出适用的水文地质概念模型。该模型来源于该区的实际水文地质条件的概化，是选择相应数学模型的依据。概化的主要内容如下。

（1）计算范围和边界条件的概化。

首先，应明确计算层位，然后根据评价要求圈定出计算区的范围。计算区应该是一个独立的天然地下水系统，具有自然边界，便于较准确地利用其真实的边界条件，以避免人为边界在提供资料上的困难和误差。但在实际工作中，因勘探范围有限，常常不能完全利用自然边界，此时，需利用调查、勘探和长观资料建立人为边界。计算区范围确定后，可概化为由折线组成的多边形边界。

边界位置确定后，应进一步判明边界的性质，给出定量的数值。当地表水体直接与含水层接触时，可以认为是定水头的一类边界，但不能说凡是地表水体都一定是定水头边界。只有当地表水与含水层有密切的水力联系，经动态观测证明有统一的水位，地表水对含水层有无限的补给能力，降落漏斗不可能超越此边界线时，才可以确定为定水头补给边界。因为定水头补给边界对计算成果的影响很大，所以确定时应慎重。如果只是季节性的河流，只能在有水期间定为定水头边界。若只有某段河水与地下水有密切水力联系，则只将这一段确定为定水头边界。如果河水与地下水没有水力联系，或河床渗透阻力较大，仅仅是垂直入渗补给地下水，则应作为二类定流量补给边界。

断层接触边界可以是隔水边界、流量边界；在特殊条件下，也可能成为定水头边界。如果断层本身是不透水的，或断层的另一盘是隔水层，则构成隔水边界。如果断裂带本身是导水的，计算区内为富含水层，区外为弱含水层，则形成流量边界。如果断裂带本身是导水的，计算区内为导水性较弱的含水层，而区外为导水性较强的含水层时（这种情况，供水中少有，多出现在矿床疏干时），则可以定为定水头补给边界。

岩体或岩层接触边界，一般多属隔水边界或流量边界。凡是流量边界，应测得边界处岩石的导水系数及边界内外的水头差，算出水力坡度，计算出补给量或流出量。

地下水的天然分水岭，可以作为隔水边界，但应考虑开采后是否会移动位置。

含水层分布面积很大或在某一方向延伸很远，成为无限边界时，如用数值法，则需计算很大的区域，由于增加了许多节点而加大了计算工作量。在这种情况下，可用设置缓冲带的方法，即在勘探区外围确定一适当宽度的地方作为定水头边界，其宽度一般为 2～3 层单元。缓冲带的参数应比含水层小（有人认为应为 1%～2%），这就等价于一个无限边界。

边界条件对于计算结果影响是很大的，在勘探工作中必须重视。对复杂的边界条件，如给出定量数据有困难时，应通过专门的抽水试验来确定。个别地段，也可以留待识别模型时反求边界条件，但不能遗留得太多。

另外，还需确定计算层的上、下边界及有无越流、入渗、蒸发等现象，并给出定量数值。最后，还应根据动态观测资料，概化出边界上的动态变化规律。

(2) 含水层内部结构的概化。

在含水介质条件方面，应确定含水层类型，查明含水层在空间的分布形状。对承压水，可用顶底板等值线图或含水层等厚度图来表示；对潜水，则可用底板标高等值线图来表示。应查明含水层的导水性、储水性及主渗透方向的变化规律，用导水系数 T 和储水系数 μ^*（或给水度 μ）进行概化的均质分区。实际上，绝对均质或各向同性的岩层在自然界是不存在的，只要渗透性变化不大的地段，就可相对地视为均质区。此外，还要查明计算含水层与相邻含水层、隔水层的接触关系，是否有“天窗”、断层等沟通。如果为了取得某些详细准确的参数，须布置大量勘探、试验工作而要花费昂贵的费用时，可考虑先有一个控制数值，再在下一步识别模型时来反求该参数。

(3) 含水层水力特征的概化。

水力特征的概化，就是将复杂的地下水水流实际状态概化为较简单的流态，以便于选用相应的计算方程。一是层流、紊流的问题，一般情况下，在松散含水层及发育较均匀的裂隙、岩溶含水层中的地下水运动，大都视为层流，符合达西定律。只有在极少数大溶洞和宽裂隙中的地下水水流才不符合达西定律，呈紊流。二是平面流和三维流的问题，严格地讲，在开采状态下，地下水运动存在着三维流，特别是在区域降落漏斗附近及大降深的井附近，三维流更加明显。但在实际工作中，由于三维流场的水位资料难以取得，多数将三维流问题按二维流处理，所引起的计算误差基本上能满足水文地质计算的要求。

2.7.11.2.2　建立计算区的数学模型

根据上述概化后的水文地质模型，就可以建立计算区相应的数学模型。地下水数学模型，就是刻画实际地下水水流在数量、空间和时间上的一组数学关系式。它具有复制和再现实际地下水水流运动状态的能力。实际上，数学模型就是把水文地质概念模型数学化。描述地下水水流的数学模型的种类很多，我们这里指的是用偏微分方程及其定解条件构成的数学模型，定解条件包括边界条件和初始条件。

这种数学模型比较复杂，可借助电子计算机用数值法求解。

2.7.11.2.3　从空间和时间上离散计算域

将计算域进行剖分，离散为若干小单元，做出剖分网格图。剖分时，首先要选好节点，节点最好是观测孔，以便获得较准确的水位资料。但一个计算域的节点不可能都是观测孔，还需要许多插值点来补充。插值点应放在水位变化显著的地方、参数分区的部位及井孔节点稀疏的地方。

选好节点后，在将点连接成单元时，还应按单元剖分的原则做适当的点位调整。单元剖分的原则是：相邻单元的大小不要相差太大；对三角形单元来说，三个边长不要相差太大，最长边与最短边之比不能超过 3∶1；三角形的内角以在 30°～90°之间为好，必要时可允许出现个别的钝角，但面积不要太小，若钝角三角形太多，会影响解的收敛；在水力坡度变化较大的地段及资料较多的中心地带，网格可加密些，边远地带可放稀些。剖分后，按一定的顺序对节点和网格进行系统的编号、准备相应的数据。

时间的离散，可根据水头变化的快慢规律，确定适当的时间步长。对模拟抽水试验来说，开始以 min 为单位，之后以 h、d 为单位。模拟大量开采（或动态开采）时，可以用月、季、年为单位。

2.7.11.2.4　校正（识别、检验）数学模型

按上述步骤建立的数学模型，是否能真实地反映实际流场的特点，还不能肯定，还须进行校正（识别、检验）。可用实际测得的水头值来校正模型的方程、参数及边界条件，也就是数学运算中的解逆问题，其方法有两类，即直接解法和间接解法，由于直接解法要求每个节点的水头均应是实际观测值，这在实际上很难办到，所以应用较少，常用的是间接解法。

间接解法就是试算法，即根据所建立的数学模型，选择相应的通用程序或专门编制的程序，用勘探试验所取得的参数和边界条件作为初值，选定某一时刻作为初始条件，按程序所要求的顺序输入数据，按正演计算模拟抽水试验或开采，输出各观测孔水位各时段的变化值和抽水结束时的流场情况，把计算所得水头值与实际观测值进行对比，如果相差很大，则修改参数或边界条件，再一次进行模拟计算。如此反复调试，直到拟合误差小于某一给定的标准为止，这时所用的一套参数和边界条件及数学方程就被认为是符合

客观实际的。

调试的方法也有两种，一种是人工调试，另一种是机器自动调试。人工调试方便简单，特别是在对计算区水文地质条件认识较清楚、正确时，容易达到误差要求。机器自动调试，有时可能同时得出几组参数都能满足数学上的要求，这就需要根据水文地质条件人为地选取。

识别数学模型的顺序一般为：先检验修正所选用的参数，而后再识别边界条件和数学方程。

逆演问题的唯一性，目前在数学上还没有很好地解决，参数和边界条件可以存在多种组合，因此，识别模型的过程往往很长，要反复调试多次，才能得到较满意的结果。这里对水文地质条件的正确认识至关重要。如果对条件认识不确切，不管用什么办法进行识别，都难以达到满意的结果。

2.7.11.2.5　验证数学模型

通过对数学模型的识别，虽校正了计算域的水文地质参数、微分方程及边界条件等，但其可靠性还需利用历史水位进行验证，即选择几个时段，将计算值与实际观测值进行比较。可用两种类型的图件来比较：一种类型是反映水头梯度场变化情况的等水位线图，即将同一时段的计算水头值与实测水头值以等值线形式分别绘在同一张图上，对比其拟合程度；另一种类型是反映流速场变化情况的水位过程曲线图，即选择几个有代表性的典型钻孔，或选几条剖面线上的钻孔，在同一坐标系中按选定的时段(最好一年以上)，分别绘制计算的和实测的水位动态曲线。一般情况下，曲线拟合的相对误差小于时段水位变幅的5%即可。如果误差较大，还应对模型作进一步识别校正。

2.7.11.2.6　模拟预报，进行水资源评价

经过验证的模型，虽然符合客观实际，但只能反映当前的实际情况，而未来大量开采后，其边界条件和补给、排泄条件还可能发生变化。如果进行抽水试验的降深不够大，延续时间不够长时，边界条件尚未充分暴露，则大量开采后就可能发生变化。因此，在运用验证后的模型进行地下水开采动态的水位预报时，还要依据边界条件的可能变化情况做出修正。对变水头边界，应推算出各时刻的水头值；流量边界，应给出各计算时段的流量；垂向补给排泄量有变化时，应推算出各时段的补排量。这些下推量的准确程度，会影响到数值法成果的精度。因此，只有在边界条件和补、排条件变化不大时，数值法的结果才是较准确的，否则，做短期预报还可以，做长期预报时，则依赖于对气候、水文因素预报的准确性。

根据开采资料对模型进行修正后，便可用其正演计算，运用起来十分方便灵活，可以解决以下一些问题：

(1) 可预报在一定开采方案下水位降深的空间分布和随时间的演化，可用于预测未来一定时期的水位降深看其是否超过允许降深，但其准确性则依赖于降水量预测的准确性。

(2) 可预报合理的开采量。根据开采区的现有开采条件，拟定出该区的开采年限、允许降深以及井位井数等，最后计算出在预定开采期内、在允许降深的条件下，能取出的地下水量。

(3) 可利用计算机研究某些水均衡要素，可计算出侧向补给量、垂向补给量及总补给量；可模拟开采条件下的补给量，求出稳定开采条件下的开采量；可进行不同开采方案的比较，选择最佳开采方案。

(4) 可以计算满足开采需要的人工补给量,以及模拟人工补给后水位的变化情况。

(5) 还可以研究地表水与地下水的统一调度、综合利用,进行水资源的综合评价,以及帮助研究其他许多水文地质问题。

总之,建立了正确的数学模型后,可以很方便地进行许多模拟计算;根据计算成果,可以作出全面的地下水资源评价。

综上所述,识别后的模型可以用于水位、水量方面的预报,进行地下水资源评价,分析其他水文地质问题。

附录一给出了地下水流数值模拟程序 GFModel 的使用方法以及针对承压水和潜水的两个水文地质概念模型,请尝试计算地下水水位稳定时期的地下水补给量和地下水排泄量;分析边界条件的类型及其参数与模型稳定所需时间的关系;分析初始条件、边界条件、水文地质参数、开采井的水量和数量对地下水水头和水均衡项的影响;计算地下水可开采量。

2.7.12 地下水可开采量计算小结

平原区地下水可开采量的计算方法相对比较成熟,山丘区地下水可开采量的计算方法还不成熟。考虑到山丘区某些地域地下水开采的客观存在、开采地下水的必要性和规划工作的必须性,同时本着统筹兼顾、合理配置的指导思想,确定山丘区地下水可开采量时主要考虑以下几个方面:山丘区现状年的实际开采量;今后山丘区经济社会发展对地下水的需求;山丘区小型河谷平原和小型山间盆地的分布状况;已有一定开发利用规模的岩溶山区和基岩山区;具有的可开采条件。

常用地下水可开采量计算方法的优缺点和适用条件如表 2-15 所列。

表 2-15 地下水可开采量计算方法对比表

评价方法	优点	缺点	适用条件
实际开采量调查法	原理明确,方法简单,在许多情况下都能运用	精度不高,不能分析出可开采量的组成	不适用于超采地区
可开采系数法	原理明确,方法简单,在许多情况下都能运用	精度不高,不能分析出可开采量的组成	在许多情况下都能运用
水均衡法	原理明确,计算公式简单,成果要求可粗可精,适应性强,在许多情况下都能运用	计算项目有时较多,有些均衡要素难于准确测定,对开采条件下各项要素的变化及边界条件的确定比较困难,有时计算结果精度不高	适用于地下水的补给、排泄条件较简单,水均衡要素容易确定,开采后变化不大的地区;用以验证其他评价方法的计算结果,论证取水量的保证程度
解析法	理论公式推导严密,只要介质条件、边界条件和取水条件符合选用公式的假定条件,则计算成果准确,可靠性强	计算条件要求苛刻,实际运用中,完全符合公式中假定条件的情况较少,往往只能在简化条件下计算得出近似解	适用于介质条件为均质或简单非均质;边界条件可看作是无限、直线或简单的几何形态;补给条件为均匀连续补给
多年调节计算法	原理明确,方法简单,在许多情况下都能运用		

表 2-15(续)

评价方法	优点	缺点	适用条件
开采试验法	方法简单,求得的允许开采量可靠而且准确。无论是潜水还是承压水,无论是孔隙水还是裂隙水或岩溶水,都能应用	花费的人力、物力较多,成本较高。不可用作区域性的地下水资源评价	适用于水文地质条件复杂,一时难以查清补给条件,而又急需做出评价,或对水量保证程度要求较高的中小水源地的水资源评价,主要用于中小水源地详勘阶段和开采阶段
水文分析法	方法简单,可直接测量地下水流量,是其他评价方法的补充	方法只适用于一些特定地区,有局限性。不适用于小范围的地下水资源评价	适用于岩溶管道流区、具有全排型岩溶大泉的岩溶水系统和发育在基岩山区的裂隙水系统等区域性地下水资源评价
随机模型法	建立在数理统计理论的基础上,考虑了一些随机因素的影响,便于解决一些复杂条件的水文地质问题,理论严谨	需要长系列地下水动态观测资料,对数据一致性要求较高,预报时段不能太长。根据现实物理背景下得出的统计规律,不能反映实际的地下水运动机理	适用于水文地质边界条件较复杂,水文地质参数较少,对含水层内部结构尚不充分了解,但有较长时间地下水动态观测资料的地区。适用于中、短期的水量预报和水位预报
数值法	可解决许多复杂条件下的地下水资源评价问题,本身精度完全能满足生产要求,计算结果比简化条件下的解析解更精确,应用广泛	要求有较多的基础数据资料,计算精度对水文地质参数和边界条件依赖性强	适用于要求较高、水文地质条件复杂的大中型水源地的水资源评价,为地下水水资源管理和开发利用提供支持

2.8　地下水存储资源量

对于潜水含水层,如图 2-8 所示,可使用下式计算地下水存储资源量:

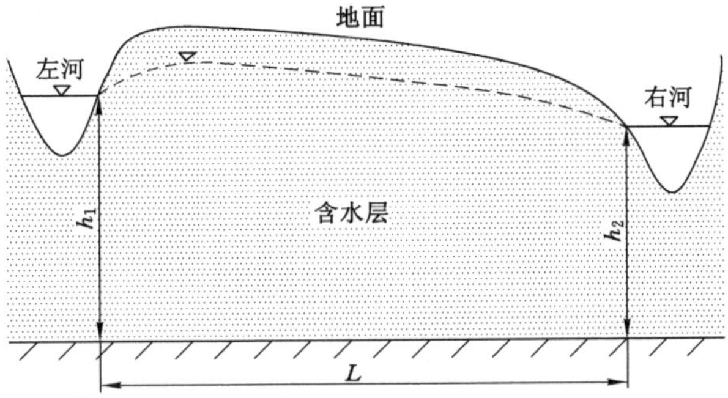

图 2-8　潜水含水层示意图

$$Q = \mu \frac{(h_1 + h_2)}{2} LB \tag{2-50}$$

式中,B 为含水层宽度;μ 为给水度。

对于承压水含水层,如图 2-9 所示,可使用下式计算地下水存储资源量:

$$Q = \mu_s (H_0 - M) LBM + \mu LBM \tag{2-51}$$

式中,μ_s为弹性储水率。

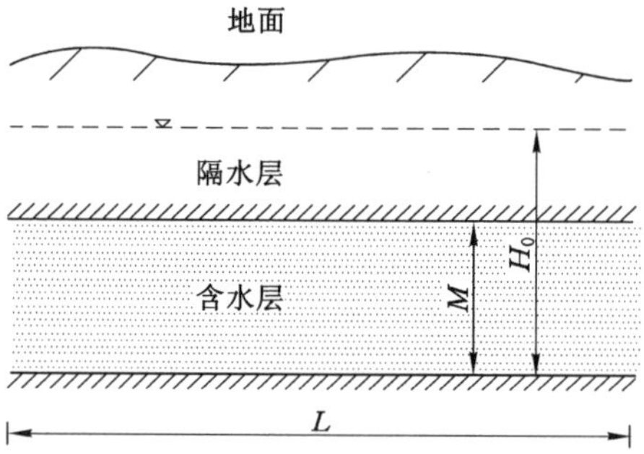

图 2-9　承压水含水层示意图

2.9　地下水资源潜力评价

地下水资源潜力评价是在水资源评价的基础上开展的,是对地下水资源开发利用的进一步的评价分析。本节内容来自中国地质调查局于 2004 年编制的《地下水潜力评价技术要求》,更详细的内容请参看该技术要求。

2.9.1　基本概念

2.9.1.1　地下水潜力

地下水潜力指地下水资源在开发利用的现状条件下,尚可挖掘的潜在供水能力,反映地下水资源的开采和利用方向。由地下水开采潜力和利用潜力两部分组成。

2.9.1.2　地下水利用潜力

地下水利用潜力是地下水资源利用过程中节约出来可供再利用以缓解地下水开采压力的水量,一般包括农业节水量、工业节水量、生活节水量、污水治理后可再利用水量、矿坑排水可利用水量等,计算公式为:

$$Q_{利用潜力} = T_1 + T_2 + T_3 + T_4 + T_5 \tag{2-52}$$

式中,T_1 为农业节水量,亿 m^3/a;T_2 为工业节水量,亿 m^3/a;T_3 为生活节水量,亿 m^3/a;T_4 为污水再利用水量,亿 m^3/a;T_5 为矿坑排水利用量,亿 m^3/a;

2.9.1.3　地下水开采潜力

地下水开采潜力是指在现状开采条件下,相对于地下水开采层的开采资源评价量的可扩大开采资源量和开采盈余量。

可扩大开采资源量主要指咸水、微咸水合理改造利用,依靠环境容量,以及增加评价深度的手段可以扩大的开采资源量,计算公式为:

$$Q_{可扩大开} = A_1 + A_2 + A_3 + \cdots \tag{2-53}$$

式中，A_1 为咸水、微咸水的可扩大开采资源量，亿 m^3/a；A_2 为依靠环境容量可扩大的开采资源量，亿 m^3/a；A_3 为增加评价深度可扩大的开采资源量，亿 m^3/a；……

2.9.1.4　地下水潜力系数

地下水潜力系数是反映地下水开采和利用潜力的相对系数，计算公式为：

$$\alpha = (Q_{开资} + Q_{可扩大开})/(Q_{开采} - Q_{利用潜力}) \tag{2-54}$$

式中，α 为地下水潜力系数；$Q_{开资}$ 为开采层的开采资源量，亿 m^3/a；$Q_{可扩大开}$ 为地下水可扩大的开采资源量，亿 m^3/a；$Q_{开采}$ 为开采层的开采量，亿 m^3/a；$Q_{利用潜力}$ 为地下水利用潜力，亿 m^3/a。

如果地下水潜力系数大于 1（或地下水综合潜力模数大于 0），说明地下水开发利用尚留有潜力，可以在节水、环境治理等方面的基础上，根据国民经济规划，适当加大地下水的开发利用强度；如果地下水潜力系数等于 1（或地下水综合潜力模数等于 0），说明地下水的开发利用已处于临界值，地下水资源量能够满足经济建设需要，但不能进一步加大地下水的开发利用强度；如果潜力系数小于 1（或地下水综合潜力模数小于 0），说明地下水的开发利用应进行限制，并同时调整国民经济规划。地下水潜力系数 α 可以分成 4 级：

（1）$\alpha < 1$，无地下水潜力区；

（2）$1 \leqslant \alpha < 1.2$，地下水潜力一般区；

（3）$1.2 \leqslant \alpha < 1.4$，地下水潜力较大区；

（4）$\alpha \geqslant 1.4$，地下水潜力大区。

2.9.1.5　地下水综合潜力模数

单位面积上地下水开采潜力和利用潜力总量为地下水综合潜力模数，相关的公式如下：

$$Q_{综合潜力} = Q_{开采潜力} + Q_{利用潜力} \tag{2-55}$$

$$Q_{开采潜力} = Q_{开采盈余} + Q_{可扩大开} \tag{2-56}$$

$$Q_{开采盈余} = Q_{开资} - Q_{开采} \tag{2-57}$$

$$M_{综合} = 10\,000\,Q_{综合潜力}/F \tag{2-58}$$

式中，$Q_{综合潜力}$ 为地下水综合潜力，亿 m^3/a；$Q_{开采潜力}$ 为地下水开采潜力，亿 m^3/a；$Q_{利用潜力}$ 为地下水利用潜力，亿 m^3/a；$Q_{开采盈余}$ 为地下水开采盈余量，亿 m^3/a；$Q_{可扩大开}$ 为地下水可扩大的开采资源量，亿 m^3/a；$Q_{开资}$ 为开采层的开采资源量，亿 m^3/a；$Q_{开采}$ 为开采层的开采量，亿 m^3/a；$M_{综合}$ 为地下水综合潜力模数，万 $m^3/(km^2 \cdot a)$；F 为面积，km^2。

地下水综合潜力模数分级可采用相对分级法进行，一般以 5 万 $m^3/(km^2 \cdot a)$ 为分级间隔。

2.9.1.6　地下水开采系数

地下水开采系数是地下水开采量与地下水开采资源的比值。

2.9.2　地下水潜力调查评价步骤

在同时开展地下水资源调查和地下水开采的地质环境效应调查评价的基础上，进行地下水资源评价和地质环境综合评价，定量研究地下水开采与环境的关系及水资源利用对地下水开采的影响，从而确定地下水开采盈余量、地下水可扩大的开采资源量和地下水利用节约水量，达到评价地下水潜力的目的。

地下水潜力调查评价步骤如图 2-10 所示。

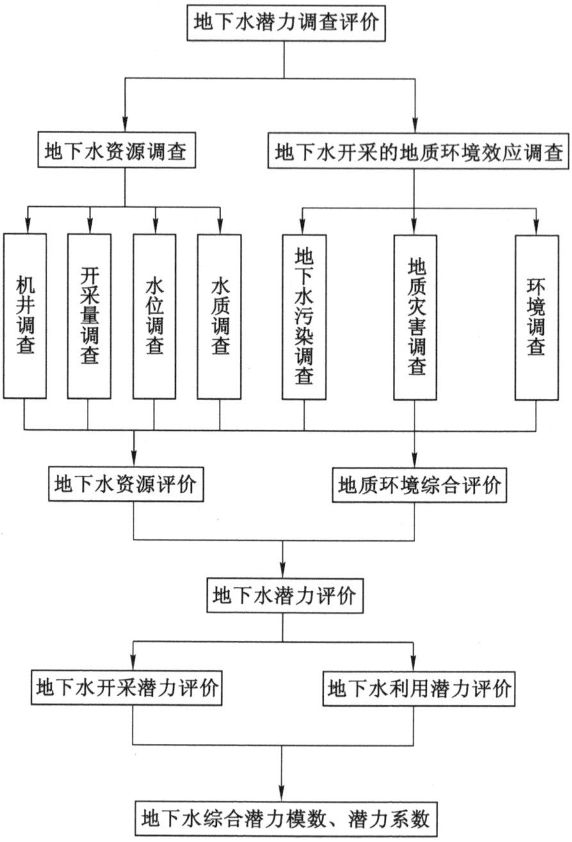

图 2-10　地下水潜力调查评价步骤

2.9.3　地下水开采潜力分析

地下水开采潜力分析主要包括开采盈余量，依靠环境容量可扩大的开采资源量和咸水、微咸水的可扩大开采资源量的分析等。

2.9.3.1　地下水开采盈余量分析

根据地下水资源评价结果，进行开采资源总量和实际开采量的对比分析，求取各个地下水系统的开采程度，计算地下水开采盈余量。

2.9.3.2　依靠环境容量可扩大的开采资源量分析

主要分析地下水开采系数与水位下降速率、地面沉降速率及地下水质量的相关性，建立一组预测地下水开采与环境关系的方程或关系图来分析地下水依靠环境容量可扩大的开采资源量。

2.9.3.2.1　地下水开采系数与水位下降速率的关系

根据年地下水开采系数与水位下降速率的统计关系，绘制相关曲线(图 2-11)，并根据当地的水文地质条件和国民经济规划确定地下水水位下降速率。

2.9.3.2.2　地下水开采系数与地面沉降速率的关系

根据地下水开采系数与地面沉降速率资料，分析地面沉降区的地下水开采系数与地面沉降速率的相关关系，绘制相关关系图(图 2-12)，并根据具体情况确定允许地面沉降量。

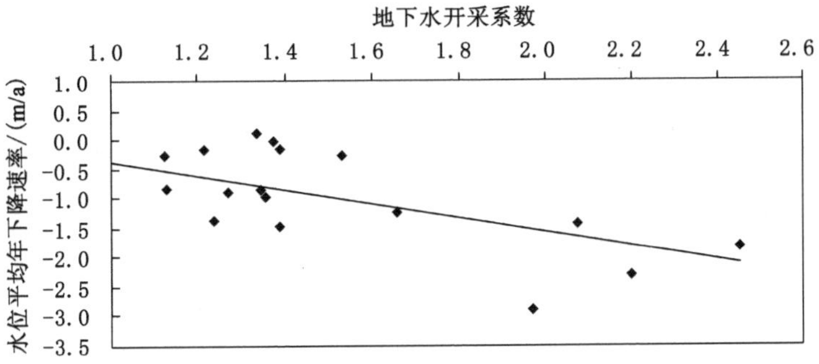

图 2-11 地下水开采系数与水位平均年下降速率关系示意图

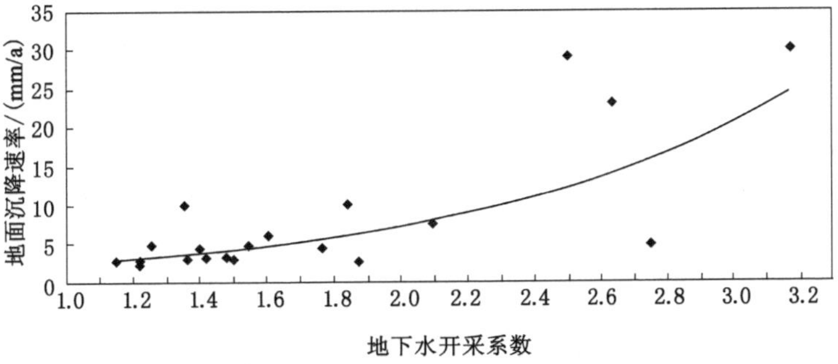

图 2-12 地下水开采系数与地面沉降速率关系示意图

2.9.3.2.3 地下水开采与地下水质量的关系

地下水质量除与污染物源分布有关外，还与地下水开采程度有关。人为开采改变了地下水的流向和流速，使得劣质水向开采区汇集，从而导致水质变差。可根据水质全分析结果分析不同评价区的地下水质量与地下水开采的关系。

2.9.3.3 咸水、微咸水的可扩大开采资源量分析

低矿化度(1～3 g/L)的微咸水可以灌溉，它的土壤含盐量的平衡值在 0.1%左右，作物能正常生长。3～5 g/L 咸水的短期灌溉，不会使土壤含盐量小于 0.1%的耕地土壤含盐量超过作物的耐盐极限值，作物可以正常发育、生长。如果长期灌溉 3～5 g/L 咸水，土壤的含盐量势必超过作物的耐盐极限值。因此，3～5 g/L 咸水直接利用只能作为应急用水，但也可通过与淡水的适当比例混合，使其全盐量、盐害量和碱害量降至安全值进行灌溉，兴利除弊。

2.9.4 地下水利用潜力分析

地下水利用潜力分析主要包括农业灌溉节水量分析和污水处理回用量分析。

2.9.4.1 农业灌溉节水量分析

根据现有的灌溉方式、灌溉定额，考虑技术进步和国民经济规划，分析节水潜力。

2.9.4.2 污水处理回用量分析

污水处理回用量统计多年平均工业废水排放量、各煤矿排水量等。

参考文献

[1] 程俊贤.关于"地下河流域岩溶水天然资源类型及评价方法"一文中若干问题商榷[J].水文地质工程地质,1984,11(5):42.
[2] 程俊贤.岩溶水消耗期亚动态迭加及应用[J].勘察科学技术,1985(2):52-58.
[3] 董贵明,束龙仓,田娟.西南岩溶地区地下河系统流量衰减系数的时变特征[J].水电能源科学,2014,32(6):33-36.
[4] 董贵明,束龙仓,田娟.西南岩溶地下河系统水流运动数值模型及枯季流量衰减特征[M].徐州:中国矿业大学出版社,2015.
[5] 刘德华,刘志森.油藏工程基础[M].北京:石油工业出版社,2004.
[6] 水利部水资源司,南京水利科学研究院.21世纪初期中国地下水资源开发利用[M].北京:中国水利水电出版社,2004.
[7] 水利电力部水文局.中国水资源评价[M].北京:水利电力出版社,1987.
[8] 汤邦义.多亚动态型泉水流量衰减方程的探讨[J].勘察科学技术,1984(5):10-15.
[9] 王树谦,陈南祥.水资源利用与管理[M].北京:水利电力出版社,1996.
[10] 王双银,宋孝玉.水资源评价[M].2版.郑州:黄河水利出版社,2014.
[11] 徐恒力.水资源开发与保护[M].北京:地质出版社,2001.
[12] 殷昌平,孙庭芳,金良玉,等.地下水水源地勘查与评价[M].北京:地质出版社,1993.

3　地表水资源量评价

3.1　地表水资源量的含义、评价内容和步骤

地表水资源量是指河流、湖泊、冰川等地表水体中由当地降水形成的、可以逐年更新的动态水量，对于只有河流的地区的地表水资源量实际上就是本地降水形成的地表径流量加上河流的基流量，用天然径流量表示。地表水资源评价包括数量和质量两部分。地表水资源数量评价包括资料的收集整理，资料的可靠性、一致性和代表性审查，径流量的还原计算，地表水资源量的计算，出、入境水量的计算，地表水可利用量的计算。地表水资源量评价的步骤如图 3-1 所示。

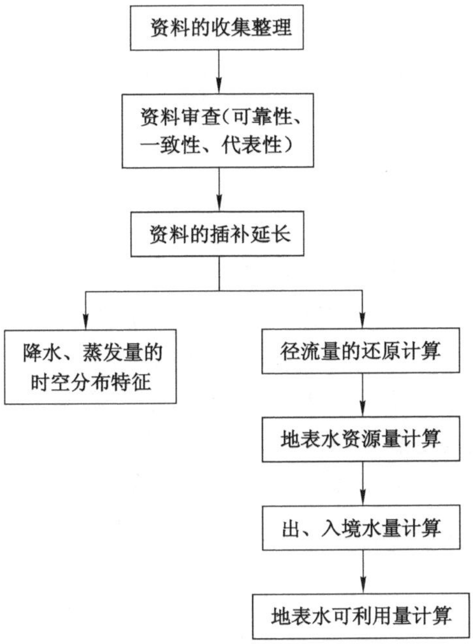

图 3-1　地表水资源量评价步骤

3.2　资料的收集

3.2.1　降水资料的收集

降水资料主要通过水文气象部门的水文站、雨量站、气象站等观测获取。近年来随着雷达探测、气象卫星云图等高新技术的发展，降水资料的获取途径有较大发展。历年降水量资

料的来源主要有国家水文部门统一刊印的水文年鉴、国家和各省(市、自治区)刊印的地面气象观测资料。此外,各省(市、自治区)及地区编制的水文图集、水文手册、水文特征值统计以及有关部门编写的水文、气象及水资源分析研究报告等也可作为资料来源。20 世纪 80 年代及以前的资料可在水文年鉴上摘抄,90 年代以后的资料可在水利等有关部门中查得。在收集降水资料时应注意以下几点:

(1) 选用的观测站(包括水文站、雨量站、气象站)要求资料可靠、系列较长、面上分布比较均匀。在降水量变化较大的地区应适当加密观测站数目。同时要注意收集部分区域之外的观测站资料,以供分析。

(2) 要注意收集的各观测站降水量资料本身的同步性,还要兼顾降水量与径流量资料的同步性。

(3) 应认真校对选用资料,对资料来源、质量及相关情况应详细注明,包括缺测原因、观测站站址迁移、数据合并和审查意见等,以便在计算分析时参考。

(4) 收集适当比例尺的地形图作为工作底图,以进行站点分布图、各种等值线图等图件的绘制。

(5) 还应收集区域的土壤、植被、地质、河流水系、气象、流域水利工程、区域社会经济、水资源开发利用状况等资料,以进行资料的审查、插补延长和径流量的还原计算。

3.2.2 径流资料的收集

区域地表水资源计算需要收集的基本资料主要有以下几个方面:

(1) 区域内和邻近区域的水文气象资料,主要包括评价区域和邻近区域的降水、蒸发、径流、泥沙等资料。

(2) 区域的自然地理特征资料,包括评价区的地理位置、地形、地貌、地质、土壤、植被、气候、土地利用情况及流域面积、形状、水系形式、河流长度、湖泊分布等特性资料。

(3) 区域水资源开发利用资料,包括历年各级水库的有效库容及其灌溉面积、历年各类水利工程的引、提水量及其灌溉面积等资料,并要收集灌溉定额、渠系有效利用系数、田间回归系数等资料。

(4) 区域内水文地质特性资料,包括岩性分布,地下水埋深及其补给、径流、排泄特性,地下水开采情况,地下水动态观测资料等。

(5) 社会经济资料,包括人口、耕地的数据及其分布情况,当地经济发展情况等。

(6) 水质监测资料,包括区域内主要城镇和工矿企业的排污量、排放毒物、排放途径、影响范围、污染后果等资料。

3.3 资料的一致性分析

水文资料是水文分析计算与合理确定涉水工程规模的重要依据,并直接影响着工程设计计算的精度和可靠度。在水文计算中,必须充分重视水文资料的审查和分析工作,主要分析内容包括资料的可靠性审查、一致性审查和代表性审查(也称为“三性”审查)。

在水资源管理、规划与配置、防洪减灾方案的设置和实施,以及各类水利水电、土木工程的规划、设计、施工与运行管理中,都要求一定标准的设计值,而设计值往往基于水文序列的一致性假设取得。由于观测过程是一个动态过程,会因各种原因,如河道的变化、下垫面条件的变化、观测设备型号的变更等，使得变动前后的水文资料可能存在偏差，这种偏差导致了资料的不一致性。因此引用实测水文资料时，必须对其进行一致性处理，即对在人类活动影响下而改变了的天然水文资料系列进行合理的修正，将其还原到同一基础上，使水资源分析评价、水资源论证、水资源综合规划的成果更具科学性、合理性。

以下简要介绍几种对降雨和径流序列进行一致性检验的常用方法。

3.3.1　降雨资料的一致性检验与修正

降雨资料一般由雨量站通过雨量器(计)观测得到，而雨量站的降雨资料可能由于某种原因，如周围环境的改变、雨量计型号变更甚至观测人员的更换等，导致变动前后的降雨资料存在系统偏差，用双累积曲线可以对降雨资料进行一致性检验及修正。

双累积曲线(Double Mass Curve，简称 DMC)方法是目前用于水文气象要素一致性或长期演变趋势分析中最简单、最直观、最广泛的方法。它最早由美国学者 Merriam 在 1937 年用于分析美国 Susquehanna 流域降雨资料的一致性，Langbein 对其做了理论解释，自 1948 年起一直被美国地质调查局(USGS)所使用。

双累积曲线是基于这样一个事实所绘出的：在相同时段内只要给定的数据成正比，那么一个变量的累积值与另一个变量的累积值在直角坐标上可以表示为一条直线，其斜率为两要素对应点的比例常数。如果双累积曲线的斜率发生突变(break)，则意味着两个变量之间的比例常数发生了改变或者其对应的累积值的比可能根本就不是常数。若接受两个变量累积值之间直线斜率已发生改变，那么斜率发生突变点所对应的年份就是两个变量累积关系出现突变的时间。

降雨双累积曲线是指被检验雨量站的累积降雨量与其周围若干雨量站平均累积降雨量的相关曲线。为了避免偶然性因素的干扰，只有在双累积曲线的坡度变化显著，且坡度转折后有连续 5 年以上的观测资料时，方可使用双累积曲线进行降雨资料的一致性识别与修正。

将突变点以前的降雨资料乘以按下式求得的 α' 值，即可修正到与突变点以后相一致的降雨资料：

$$\alpha' = \frac{K_2}{K_1} \tag{3-1}$$

式中，K_1 为情况变更前的双累积曲线的坡度；K_2 为情况变更后的双累积曲线的坡度。

［例 3-1］　某雨量站的降雨资料检验

图 3-2 是某雨量站年降雨量的逐年累积值与其附近 10 个雨量站的年平均降雨量的逐年累积值的双累积曲线，由图中可以看出，在 1961 年发生了明显转折。

经调查得知该雨量站在 1961 年曾变更了雨量计的位置。因此，由这一转折显然可以断定雨量计位置的变更使得该站在 1961 年前后的降雨资料的一致性遭到破坏。将 1961 年以前的降雨资料乘以 α' 值，即可修正到与 1961 年以后相一致的降雨资料(修正后图略)。

3.3.2　径流资料的一致性检验

3.3.2.1　累积曲线法

对于径流资料的一致性检验来说，可以建立累积径流量系列与时间的相关关系(单累积曲线法)，或建立降雨量与径流量的相关关系(双累积曲线法)，根据点群趋势分析其直线斜率是否发生变化，如发生变化，则年径流不具备一致性，发生变化的年份即为分界点。

在单站还原计算的基础上，如资料较少，可直接绘制平均年降雨量与天然年径流深的相

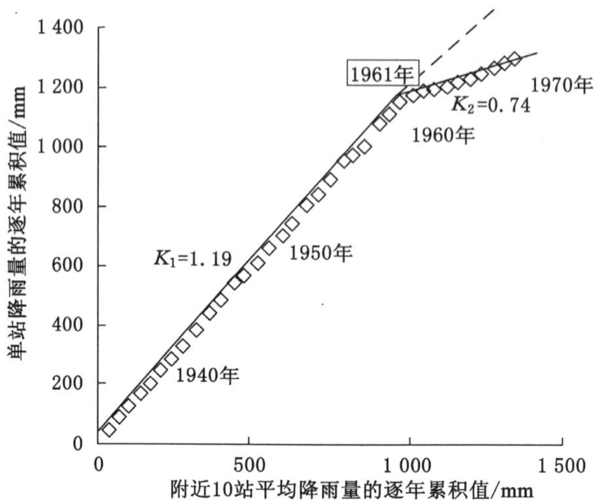

图 3-2　某雨量站年降雨量与附近 10 站平均年降雨量双累积曲线

关图，观察点群趋势后分析直线的斜率。若资料较多，可将资料系列按年分成几个时段，在同一幅图上分别点绘各时段的降雨径流关系线，如果各线之间有明显的系统偏离，则说明资料系列不具有一致性，需要进行修正还原或还现。

［**例 3-2**］　径流资料检验（单累积曲线）

图 3-3 是某水文站 1957—2015 年的累积流量过程线（数据见附录二），由图可以看出，在不同年段，图线的斜率有变化，流量资料系列不具有一致性。从图上看，1975 年和 1998 年为不一致突变点。

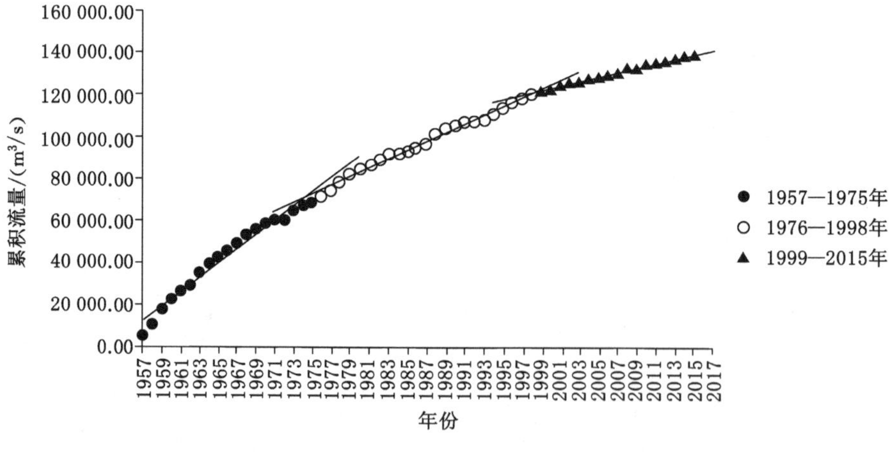

图 3-3　某水文站 1957—2015 年累积流量过程线图

［**例 3-3**］　径流资料检验（双累积曲线）

图 3-4 是潮白河流域 1960—2008 年的年降雨量和年径流深的双累积曲线（数据见附录三），由图可以看出，降雨径流双累积曲线的坡度在 1980 年附近发生明显突变现象，可以认为 1980 年前后该降雨径流系列的年径流系数发生了变化，即降雨径流关系发生改变。

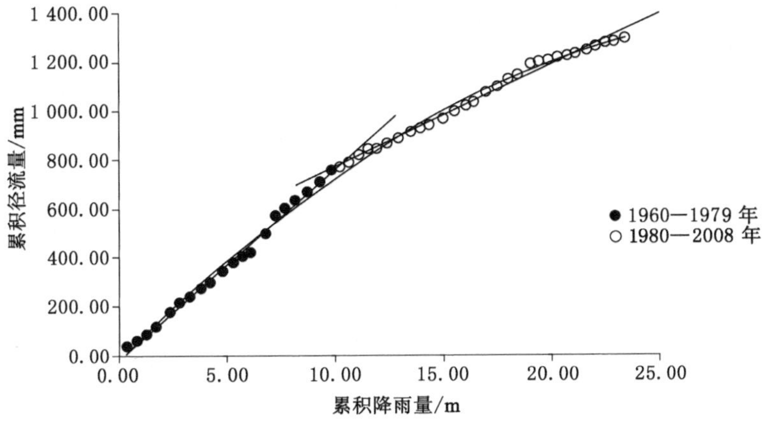

图 3-4 潮白河流域 1960—2008 年降雨径流双累积曲线

3.3.2.2 *F* 检验法

假定一个下垫面条件发生显著变化的年份，然后用试错法计算，直到确定合适的年份。可根据以下因素确定显著变化的年份：① 引起下垫面变化的水利建设和其他人类活动情况；② 水资源开发利用水平；③ 水质污染及环境地质灾害情况。由以上三点可初步确定下垫面发生显著变化的年份，然后用 *F* 检验法确定具体年份。*F* 检验法是通过计算两组数据的方差之比来检验两组数据是否存在显著差异。

根据所假定的年份将样本资料系列划分为两组样本，分别计算其方差 S_1^2、S_2^2，设置信度为 α，查 *F* 分布表得出临界值 $F_\alpha(n_1-1, n_2-1)$，n_1 和 n_2 分别是两组样本的容量，与计算值 *F* 相比较：

$$F = \frac{S_1^2}{S_2^2} \tag{3-2}$$

若 $F_{1-\alpha} < F < F_\alpha$，则认为样本系列在所假定的变异点前后无显著差异；否则，认为序列变异显著。对于所有满足 $F > F_\alpha$ 条件的显著变化点，选择 *F* 计算值达到最大值的那一点作为序列变异点，由此分成两组数据系列进行一致性的修正工作。

［例 3-4］ 利用 *F* 检验法确定径流序列的突变点

例 3-2 中通过绘制某水文站 1957—2015 年的累积流量过程线图，得到可能的变异点为 1975 年与 1998 年，于是对年流量值按照变异点分别进行划分，并利用 *F* 检验法进行计算。本次计算共有两个变异点，在确定第一个变异点时，需先假设第二个变异点的年份，第二个变异点之后的数据不再考虑，计算结果如表 3-1 所列。

表 3-1 1975 年的 *F* 检验法计算结果

变异点	1975 年	
数据划分	1957—1975 年	1976—1998 年
各数据总数	19	23
均值	3 585.11	2 254.21
方差	3 164 241	1 325 223
F 值	2.388	

取置信度 α 为 0.05，查 F 分布表发现 F_α 的值在 2.07～2.15 之间，1975 年的 F 值满足 $F > F_\alpha$ 条件。为检验 1975 年是否为变异点，需要对其相邻年份的 F 值进行计算，取满足 $F > F_\alpha$ 条件的最大的 F 值对应的年份为变异点，本次计算范围为 1970—1980 年（计算过程略），得到满足 $F>F_\alpha$ 条件时，最大 F 值对应的年份为 1975 年。因此，可以确定第一个变异点为 1975 年。

同样的方法对 1998 年进行 F 检验，由于第一个变异点已经确定为 1975 年，所以从 1976 年算起。计算结果如表 3-2 所列。

表 3-2 1998 年的 F 检验法计算结果

变异点	1998 年	
数据划分	1976—1998 年	1999—2015 年
各数据总数	23	17
均值	2 254.21	1 073.02
方差	1 325 223	341 996
F 值	3.875	

同样，取置信度 α 为 0.05，查 F 分布表发现 F_α 的值在 2.24～2.28 之间，1998 年的 F 值满足 $F > F_\alpha$ 条件。为检验 1998 年是否为变异点，需要对其相邻年份的 F 值进行计算，取满足 $F > F_\alpha$ 条件的最大的 F 值对应的年份为变异点，本次计算范围为 1987—2006 年（计算过程略），发现满足 $F>F_\alpha$ 条件的年份为 1988—2005 年，其中最大 F 值对应的年份为 1998 年，所以确定第二个变异点为 1998 年。

综上，利用 F 检验法确定某水文站的变异点为 1975 年与 1998 年。

3.3.2.3 径流系数分析法

通过已有的和计算得到的每一年的径流资料（流量、径流量、径流深等）与年降雨量，来计算每一年的年径流系数，绘制年径流系数过程线图，观察分析图线的走向和点据的趋势是否存在明显的系统偏离等，来确定资料系列是否具有一致性。

确定可能的分界点后，以此将资料系列分为两组数据样本，进行径流系数差异的秩和检验。秩和检验（rank sum test）又称顺序和检验，它是一种非参数检验。它不依赖于总体分布的具体形式，应用时可以不考虑被研究对象为何种分布以及分布是否已知，因而实用性较强。

首先将年径流系数数据总体按从小到大的顺序排列，秩数即为排序之后的次序号码。划分为两个样本后，令个数较少的样本的个数为 n_1，个数较多的样本的个数为 n_2，再计算个数较少的样本的秩和数 T 和它的平均数 U_T 及其标准差 α_T，公式如下：

$$U_T = \frac{n_1 \cdot (n_1 + n_2 + 1)}{2} \tag{3-3}$$

$$\alpha_T = \sqrt{\frac{n_1 \cdot n_2 \cdot (n_1 + n_2 + 1)}{12}} \tag{3-4}$$

其次计算秩和检验的下限 $T_{1\alpha}$ 和上限 $T_{2\alpha}$ 的值，若 $T_{1\alpha} < T < T_{2\alpha}$，则在显著性水平 α 下，接受假设 H_0，即两个样本来自同一总体，具有一致性；若不满足上述关系，则说明两个样本不

具有一致性，需要进行修正。秩和检验上、下限的计算公式是：

$$T_{1\alpha}=U_T-U_\alpha\cdot\alpha_T \tag{3-5}$$

$$T_{2\alpha}=U_T+U_\alpha\cdot\alpha_T \tag{3-6}$$

式中，U_α为正态分布的双侧分位数，对于通常给出的正态分布单侧分位数$\int_{U_\alpha}^{\infty}f(t)\mathrm{d}t=\alpha$的表格来说，应按$\alpha/2$查找$U_\alpha$值，此处$f(t)$为标准正态分布的概率密度函数，$\alpha$为置信度。

［**例 3-5**］　利用径流系数分析法对潮白河流域径流序列确定变异点

根据1960—2008年流域降雨量和径流量资料，进行年径流系数的计算（数据见附录四），绘制潮白河流域的年径流系数变化曲线，如图3-5所示。从图中可以看出，1979年以前径流系数变化较大，此后该流域的年径流系数呈现一个递减趋势，故分界点就是降雨径流机制发生改变的转折点，即1979年。

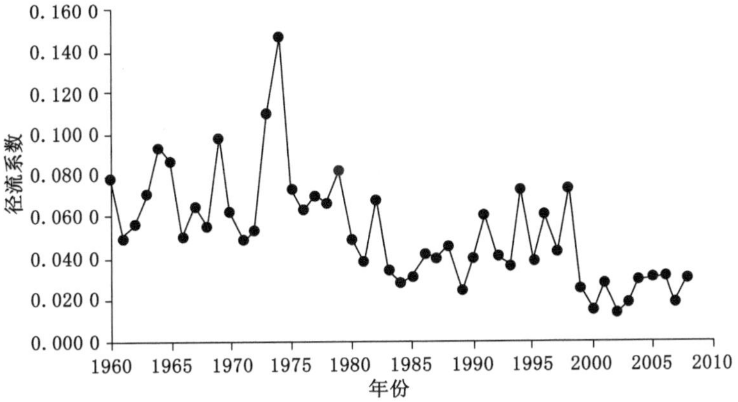

图3-5　潮白河流域1960—2008年年径流系数变化曲线

对1979年进行径流系数差异的秩和检验分析，以1979年为分界点，将总数据分为两个样本：1960—1979年与1980—2008年，建立统计假设H_0，即上述的两个样本没有显著差异。将1960—2008年总年径流系数数据按从小到大的顺序排列，并将秩数计算结果列于表3-3。

表3-3　潮白河流域1960—2008年的秩数计算结果

秩数	1960—1979年	1980—2008年	秩数	1960—1979年	1980—2008年
1		0.013 2	26	0.049 6	
2		0.013 4	27	0.050 4	
3		0.016 9	28	0.053 4	
4		0.018 6	29	0.055 2	
5		0.024 3	30	0.056 7	
6		0.024 5	31		0.060 7
7		0.027 8	32		0.060 9
8		0.028 1	33	0.061 4	

表 3-3(续)

秩数	1960—1979 年	1980—2008 年	秩数	1960—1979 年	1980—2008 年
9		0.029 1	34	0.061 4	
10		0.030 6	35	0.064 3	
11		0.030 9	36	0.065 6	
12		0.031 0	37		0.068 0
13		0.031 1	38	0.069 7	
14		0.033 8	39	0.070 7	
15		0.035 6	40		0.072 9
16		0.036 3	41	0.073 1	
17		0.037 1	42		0.073 4
18		0.039 4	43	0.078 5	
19		0.039 6	44	0.081 8	
20		0.041 1	45	0.086 3	
21		0.042 2	46	0.092 9	
22		0.043 2	47	0.098 0	
23		0.045 8	48	0.110 0	
24		0.048 9	49	0.146 4	
25	0.049 0		样本数	20	29

此处系列 1960—1979 年为研究样本 1,系列 1980—2008 年为研究样本 2。由表 3-3 的统计结果可以得到,样本 1 的样本个数较少:$n_1=20$,样本 2 的样本个数较多:$n_2=29$。计算得到样本 1 的秩和数 T_1 为:

$$T_1 = 25+26+27+28+29+30+33+34+35+36+38+39+41+43+44+45+46+47+48+49 = 743$$

然后计算平均数 U_{T1} 和标准差 α_{T1}:

$$U_{T1} = \frac{n_1 \cdot (n_1+n_2+1)}{2} = \frac{20\times(20+29+1)}{2} = 500$$

$$\alpha_{T1} = \sqrt{\frac{n_1 \cdot n_2 \cdot (n_1+n_2+1)}{12}} = \sqrt{\frac{20\times 29\times(20+29+1)}{12}} = 49.16$$

计算 $T_{1\alpha 1}$ 和 $T_{2\alpha 1}$ 时,取置信度 α 为 0.05,此时 $U_\alpha = 1.96$,则:

$$T_{1\alpha 1} = U_{T1} - U_\alpha \cdot \alpha_{T1} = 500 - 1.96\times 49.16 = 403.65$$

$$T_{2\alpha 1} = U_{T1} + U_\alpha \cdot \alpha_{T1} = 500 + 1.96\times 49.16 = 596.35$$

因为 $T_{1\alpha 1} < T_{2\alpha 1} < T_1$,不满足 $T_{1\alpha 1} < T_1 < T_{2\alpha 1}$,所以拒绝原假设,两个数据样本不具备一致性,即确定 1979 年为水文分界点。需要注意的是,满足径流系数差异的秩和检验分析法的分界点可能有一个或一个以上。

3.3.3　径流资料的一致性修正

对径流数据的修正通常采用降雨径流相关图法，将资料系列划分为受到人类活动影响前后的两段，分别通过点群中心绘制其年降雨径流关系曲线，绘制所得到的两条曲线之间的横坐标距离即为年径流衰减值。选定一个年降雨量值，从图中两条曲线上可查出两个年径流深值，用下列公式计算年径流衰减率和年径流修正系数：

$$\alpha'' = \frac{R_1 - R_2}{R_1} \times 100\% \tag{3-7}$$

$$\beta = \frac{R_2}{R_1} \tag{3-8}$$

式中，α''为年径流衰减率；β为年径流修正系数（0～1之间）；R_1为需要修正的径流深；R_2为现状径流深。

根据查算的不同年降雨量的α''值和β值绘制$P—\beta$关系曲线，作为修正天然年径流系列的依据。根据需要修正年份的降雨量（有的代表站还需考虑上一年降雨量），从$P—\beta$关系曲线上查得修正系数，乘以该年修正前的天然年径流量，即可求得修正后的天然年径流量。

［**例3-6**］　修正潮白河流域径流序列

径流修正系数的计算所用的方法是点绘潮白河流域面平均年降雨量与天然径流深相关图。以潮白河流域年降雨量数据为纵坐标，年径流深数据为横坐标绘制散点图，然后通过点群中心分别绘制1960—1979年和1980—2008年两个时间段的年降雨量与年径流深关系曲线，该曲线经过拟合校准的结果如图3-6所示。

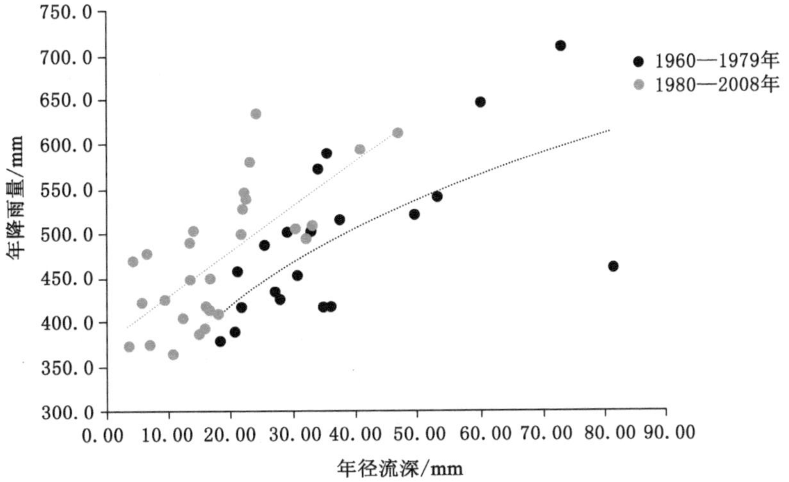

图3-6　潮白河流域年降雨量—年径流深关系曲线

由图3-6可见，在相同的年降雨量下，1960—1979年大多数点据位于右边，1980—2008年大多数点据位于左边，表明年径流量呈衰减态势。图中所示的两条曲线之间的横坐标之间的距离表示的是该流域的年径流衰减值，由此可以直观地看到分界点前后两系列的差异。

选定一个降雨量，会有对应的两个不同的径流深值，可由图3-6查得不同年降雨量对应的不同的年径流深值，并计算出年径流衰减率α''和修正系数β，列于表3-4。

表 3-4 不同年降雨量的 α''、β 值

P/mm	R_1/mm	R_2/mm	α''/%	β
500	38.96	24.32	37.58	0.624 2
600	75.64	43.94	41.91	0.580 9
700	132.54	63.57	52.04	0.479 6
800	215.46	83.19	61.39	0.386 1
900	330.76	102.82	68.91	0.310 9

根据表 3-4，可绘制出潮白河流域年降雨量与年径流修正系数的相关曲线，如图 3-7 所示。

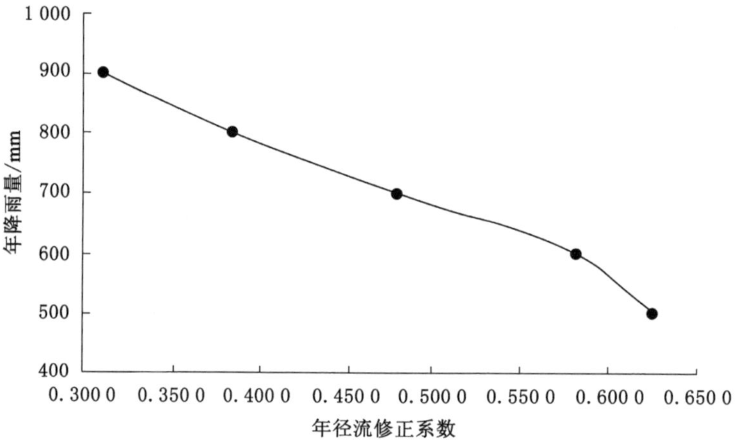

图 3-7 潮白河流域年降雨量—年径流修正系数关系曲线

根据图 3-7 修正 1980—2008 年潮白河流域的年径流深，将还原后的年径流深值与还原后的差值列于表 3-5。

表 3-5 潮白河流域年径流深还原前后对比表(结果保留两位小数)

年份	年径流深/mm	年径流修正系数	还原后年径流深/mm	还原后差值/mm
1980	15.81	0.732 358	21.59	5.78
1981	17.25	0.715 244	24.12	6.87
1982	33.04	0.637 763	51.81	18.77
1983	18.16	0.719 570	25.24	7.08
1984	3.75	0.748 155	5.01	1.26
1985	22.01	0.644 909	34.13	12.12
1986	22.43	0.606 168	37.00	14.57
1986	22.98	0.576 454	39.86	16.88
1988	16.88	0.685 342	24.63	7.75
1989	12.47	0.722 955	17.25	4.78

表 3-5(续)

年份	年径流深/mm	年径流修正系数	还原后年径流深/mm	还原后差值/mm
1990	24.36	0.530 379	45.93	21.57
1991	30.67	0.640 019	47.92	17.25
1992	22.66	0.612 562	36.99	14.33
1993	15.12	0.736 308	20.53	5.41
1994	41.16	0.566 299	72.68	31.52
1995	22.18	0.619 332	35.81	13.63
1996	32.65	0.646 413	50.51	17.86
1997	16.33	0.711 107	22.96	6.63
1998	46.90	0.548 997	85.43	38.53
1999	11.05	0.756 054	14.62	3.57
2000	4.61	0.668 417	6.90	2.29
2001	9.56	0.705 089	13.56	4.00
2002	7.05	0.746 651	9.44	2.39
2003	6.63	0.662 775	10.00	3.37
2004	13.67	0.651 867	20.97	7.30
2005	16.50	0.714 492	23.09	6.59
2006	13.75	0.686 471	20.03	6.28
2007	5.95	0.706 782	8.42	2.47
2008	14.30	0.640 395	22.33	8.03

如表 3-5 所列，由图 3-7 可查得 1980—2008 年各自的年降雨量对应的径流修正系数 β。将 1980—2008 年的年径流深除以其对应的修正系数，可以得到还原后的年径流量。式(3-7)和式(3-8)是对天然径流深进行修正，本实例是对现状径流深进行还原，故用现状径流深除以年径流修正系数。

绘制还原后的降雨径流双累积曲线和年径流系数变化曲线进行检验。图 3-8 是根据还原后的径流资料绘制出的降雨径流双累积曲线，由图可见，经还原后的曲线在 1979 年前后

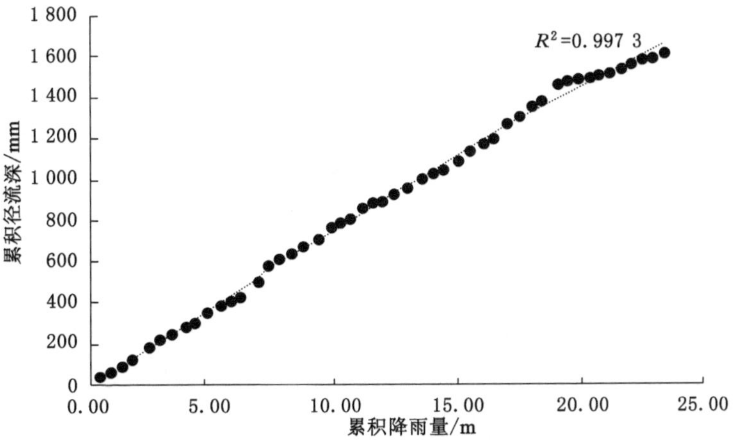

图 3-8　修正后的降雨径流双累积曲线

连续性好，消除了修正前的变异点，修正后的系列趋势线为一条光滑的曲线，趋势线拟合程度高达 99.73%。图 3-9 是还原前后的年径流系数变化曲线，由图可以看出，还原前的径流系数变化曲线存在明显的变异点，变异点后的径流系列呈现逐渐衰减的趋势；而还原后的系列径流系数值大致稳定在 0.040 0～0.120 0 范围内，证明还原后的系列一致性得到了提高。

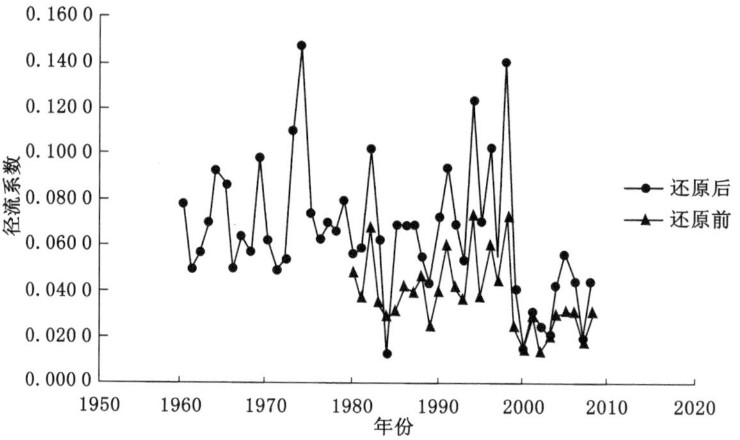

图 3-9　修正前后年径流系数变化曲线

3.4　资料的插补延长和还原

短期实测资料系列，处于偏丰、偏枯期的资料系列，以及有缺测、漏测年份的资料系列，其代表性往往较差，如直接根据这些资料进行统计分析计算，求得的成果可能有很大误差。为了减少样本的抽样误差、提高计算精度、保证成果质量，必须设法插补延长资料系列。资料的插补延长还可以使其具有同步性。严格来讲，插补是指以某种方式对系列中缺测的值作出估算，使系列连续；延长则是指利用不同测站长短系列间的关系，对较短的系列中未观测的一段时间的值作出估算，使其达到与长系列或者要求的长度相等的系列。

3.4.1　降水资料的插补延长

降水资料插补延长的方法主要有以下几种：

(1) 两站距离很近，并具有气候和地形的一致性时，可以将缺测的月、年资料直接移用另外一站的资料，或者通过相关分析的方法进行插补延长。

(2) 在地形、气候条件一致的地区，移用同期邻近几个站的算术平均值或者面积加权平均值代替缺测站点的资料。

(3) 对缺测个别非汛期月份的站点，因非汛期各月降水量不大，占年降水量比重又很小，且年际变化不大，亦可采用同月降水量的多年平均值进行插补延长。

(4) 绘制降水量等值线图，用内插的方法插补缺测站点的降水量值。等直线法是插补延长的理想工具，精度较高，但工作量往往较大，尤其是需要插补延长的年限较长时，需逐年绘制等值线图。另外，水资源量的计算或者评价往往是区域性的，当有足够资料可以绘制出等值线的条件下，对个别站点资料的插补延长实际上意义已经不大。

3.4.2 径流资料的插补延长

径流资料的插补延长对于年径流资料和月径流资料方法不尽相同，对于年径流量的插补延长主要采用线性相关分析的方法，具体有以下几种：

(1) 流域平均年降水量与年径流量相关分析法。在我国，大部分地区的河川径流主要是由降水形成的，流域降水量与径流量一般都具有很好的线性相关关系。故在大多数情况下，可以以年降水量为参证变量，借助于简单的降水径流关系(图)插补延长缺测期的年径流量。其中，降水量一般使用面降水量，而对于流域面积不大、降水量在面上分布比较均匀的地区，可以选择具有较好代表性的雨量站，建立该站降水量与径流量的相关关系。

(2) 相邻流域径流量相关分析法。这是借助于相邻流域长系列年径流资料插补延长本流域短系列年径流量的方法，这时要求两个流域的气候、下垫面条件应比较一致，此时，一般能得到比较理想的结果。

(3) 上下游站年径流量相关分析法。在同一流域的上下游两站距离较近的条件下，可以直接建立两站年径流量的线性相关关系(图)，进行插补延长。

线性相关分析有很长的应用历史，也是一种比较成熟的方法，但当上下游或者相邻流域的气象、下垫面条件不同时，或者有其他的因素影响径流量之间的关系，相应的径流量之间可能具有非线性关系时，采用非线性相关分析、多元相关分析以及偏相关分析等方法进行插补延长。

月径流资料的插补延长方法又分为汛期和非汛期，这主要是因为汛期径流量较大且不稳定，而非汛期径流量较小且稳定。汛期的插补延长可以使用水位流量相关分析方法，也可以使用上下游、相邻测站的径流量进行相关分析，还可以使用前期降水量(上一个月、上两个月等)与径流量的相关关系进行相关分析。尤其当流域较大时，考虑前期降水量往往能得到比较满意的结果。非汛期径流量的插补延长相对比较简单，可以利用相应的多月平均值来代替缺测月的径流量，也可以使用径流量自身趋势进行插补延长。

需要注意的是，降水径流资料的插补或者延长年数不宜过长，最多不宜超过实测年数。

3.4.3 径流的还原计算

对于实测径流已不能代表天然状况的水文站应进行还原计算，将实测径流系列还原为天然径流系列。一般来说，大规模的气候变迁在几十年乃至上百年时间内可能很不明显，但人类活动对水资源的影响可能相对会明显得多。人类通过水利工程改变了径流成分的组成及转化过程。还原计算时，应按照河系自上而下对各水文站控制断面分段进行，然后进行累加计算。

常用的还原计算方法主要有分项调查法和降水径流关系法。

3.4.3.1 分项调查法

对流域中各项影响因素所造成的径流变化逐一调查和计算，就可以得到最终的还原水量。在某一计算时段内，流域径流量的平衡方程式为：

$$W_{天然} = W_{实测} \pm W_{农业} \pm W_{工业} \pm W_{生活} \pm W_{调蓄} \pm W_{蒸发} \pm W_{引水} \pm W_{分洪} \pm W_{渗漏} \pm W_{开采} \pm W_{其他} \tag{3-9}$$

式中，$W_{天然}$ 为还原后的天然径流量；$W_{实测}$ 为水文站实测径流量；$W_{农业}$ 为农业灌溉净耗水量；$W_{工业}$ 为工业灌溉净耗水量；$W_{生活}$ 为生活净耗水量；$W_{调蓄}$ 为水库等蓄水工程时段内蓄水变化量；$W_{蒸发}$ 为水面蒸发变化量；$W_{引水}$ 为跨流域引水量；$W_{分洪}$ 为河道分洪水量；$W_{渗漏}$

为地表水体渗漏变化量；$W_{开采}$ 为地下水开采对径流量的影响；$W_{其他}$ 为其他因素对径流量的影响。

当某项为减小流域径流量时，相应的符号为“+”，否则为“−”。各项影响量一般主要采用调查和简单的计算方法确定，比如定额法和相关分析法等。$W_{其他}$ 中包括城市化和水土保持措施等影响的水量。地下水开发对径流量的影响主要表现在袭夺河流基流量、引起汇入河流的泉流量的衰减和增加河流向地下水的排泄等方面。

3.4.3.2　降水径流关系法

当人类活动的影响难以调查，或调查得到的资料不全时，可以使用该方法。该方法的基本思路是首先建立人类活动影响之前的降水径流模型，然后用人类活动影响后的各年的降水资料，代入建立的降水径流模型，计算出不受人类活动影响的天然年径流量，还原水量即为计算出的天然径流量与实测径流量的差值。比如，在大量开采地下水的年份，地下水水位急剧下降，造成降水大量补给地下水，产流量减少，破坏了径流系列的一致性，这种情况下，可利用井灌较少年份的资料，建立降水径流关系，将此降水径流关系用于大量开采地下水的年份，由降水量推求径流量，对受人类活动影响的径流资料进行修正，保证系列的一致性。

建立降水径流模型常用的方法主要有多元回归分析法和产汇流模型法。多元回归分析法是常用的多元统计分析方法，可参考《数理统计》等教材，在使用时要注意影响因素（自变量）的选择问题，影响因素不宜过多。产汇流模型法是产流计算和汇流计算集成在一起的计算机程序，在国内外已有很多应用经验，我国的新安江模型、美国的萨克门托模型和斯坦福模型等都是比较成功的模型，使用时可以参考《工程水文学》和《产汇流理论》等书。

还原计算后的径流量应进行上下游、干支游、地区之间的综合平衡，以分析其合理性；对工农业和城市等用水定额和实耗水量要结合发展情况、气候、土壤和灌溉方式等因素，进行部门之间、地区之间和年际之间的比较，以检查其合理性；对还原计算前后的降水径流关系，进行对比分析。

3.5　降水量的分析计算

3.5.1　降水量分析计算的内容

水资源分区确定后，需要对区域降水进行分析与计算，为区域地表水资源、地下水资源评价奠定基础。降水量的分析与计算通常包括确定区域年降水量的特征值，绘制多年平均年降水量及年降水量变差系数等值线图，研究年降水量的年内分配、年际变化和地区分布规律等，具体提交的成果包括雨量站分布图、降水量的统计参数及频率计算表、年际及典型年内降水量分配表、连续最大 4 个月降水量占全年降水量百分比图、多年平均降水量等值线图、年降水量变差系数 C_v 值等值线图、年降水量偏态系数 C_s 与变差系数 C_v 比值分区图等。

降水系列的统计参数先根据矩法和极大似然法等得到初值，并绘制经验频率曲线，然后采用适线法确定统计参数的最终值。我国大部分地区降水频率曲线可以选用 P-Ⅲ型分布。根据各测站的 C_v 和 C_s 值，可以绘制 C_v、C_s、C_s/C_v 等值线图。水文统计分析中，常用 3 个统计参数，即均值 $\overline{X}$、变差系数 C_v 和偏态系数 C_s。

均值 $\overline{X}$ 为：

$$\overline{X}=\frac{1}{n}\sum_{i=1}^{n}X_i \tag{3-10}$$

变差系数C_v值表示系列中各项值对其均值的相对离散程度，用系列均方差σ与均值$\overline{X}$之比表示：

$$C_v=\frac{\sigma}{\overline{X}}=\sqrt{\frac{\sum_{i=1}^{n}\left(\frac{X_i}{\overline{X}}-1\right)^2}{n-1}} \tag{3-11}$$

变差系数C_v值较大，表明系列的离散程度较大；反之，则较小。

偏态系数C_s是表示系列中各项值偏离均值情况的指标。$C_s>0$，称正偏；$C_s=0$，称对称；$C_s<0$，称负偏。计算公式为：

$$C_s=\frac{\sum_{i=1}^{n}\left(\frac{X_i}{\overline{X}}-1\right)^3}{(n-1)C_v^3} \tag{3-12}$$

当资料系列不足够长时，采用式(3-12)估算的偏态系数C_s值误差较大，此时，可采用经验性方法确定，即取$C_s=\alpha C_v$。根据以往分析，我国大部分地区可选用$\alpha=2.0$。α值的变化范围一般为2.0～3.0，个别地区可达3.5。

降水或者径流系列中第m项经验频率P_m常用的计算公式为：

$$P_m=\frac{m}{n+1} \tag{3-13}$$

计算时，先将系列按照值由大到小排序，m为某年降水量或者径流量在排序后相应的序号，再采用式(3-13)即可求得相应的经验频率值。

3.5.2　降水量等值线图的绘制

为了研究年降水量的空间变化规律，估算无资料地区各种指定频率的年降水量，必须绘制年降水量统计参数等值线图。年降水量统计参数有多年平均年降水量、年降水量变差系数和年降水量偏态系数。我国普遍采用的确定统计参数的方法是图解适线法(配线法)，采用理论频率曲线为P-Ⅲ型曲线。计算时注意，由于同步系列不长，对于特丰年、特枯年年降水量的经验频率，最好由邻近的长系列参证站论证确定，或由旱涝历史资料分析确定，以避免偶然性。

在绘制上述等值线图时，应主要依据下列原则和方法：

(1) 根据选用站点的资料精度情况，将其划分为主要点据、一般点据和参考点据，应以主要点据为主，一般点据为辅，并兼顾参考点据的原则进行勾绘。

(2) 绘图前，要充分分析了解研究区内水汽来源、降水主要成因、冷暖锋面活动规律以及地形对降水的影响等情况，以便对降水的空间变化规律有一个初步的了解。

(3) 选择资料质量好、系列完整、面上分布均匀且能反映地形变化影响的雨量站作为绘制等值线的主要依据。一般在降水量变化梯度较大的山区应尽可能多地选择一些雨量站，在梯度较小的地区可以适当减小雨量站密度，在雨量站稀少的地区可增加一些资料系列较短的雨量站，经过插补延长处理后使用。

(4) 选择准确、清晰、有经纬度或者投影坐标且能分清高山、丘陵和平原等的地形图作为工作底图。

(5) 应进行等值线图的合理性检查，主要从气候、地形及其他地理条件等方面进行检查，切忌出现降水量等值线横穿山岭等情况。此外，还可将等值线图与以往编制的等值线图进行对比分析。

3.5.3 降水量的年内分配和年际变化

降水量的时程变化主要表现在降水量的年内分配和年际变化两个方面。

3.5.3.1 降水量的年内分配

降水量的年内分配主要采用以下方法：

(1) 从研究区内选择出典型测站，绘制典型年降水量年内分配表以反映年内分配特征。典型年的选取通常考虑以下原则：一是年降水量接近设计频率的年降水量；二是降水量年内分配具有代表性；三是月分配过程对径流调节不利。

(2) 统计研究区多年平均各月降水量或者多年平均各月降水量占年平均降水量的百分比，以表示降水量年内分配特征。

(3) 统计研究区连续最大 4 个月降水量占全年降水量百分比系列，以反映年降水量集中程度和相应出现的月份。

降水的年内分配在我国大部分地区受东南季风和西南季风的影响，雨季随东南季风和西南季风的进退变化而变化。从年内降水时间上看，长江以南广大地区夏季风来得早，去得晚，雨季较长，多雨季节一般为 3—8 月或 4—9 月，汛期连续最大 4 个月的雨量约占全年雨量的 50%～60%。华北和东北地区的雨季为 6—9 月，这里是全国降水量年内分配最不均匀和集中程度最高的地区之一，汛期连续最大 4 个月的降水量可占全年降水量的 70%～80%。北方不少地区汛期 1 个月的降水量可占年降水量的半数以上。西北地区，黄河流域区连续最大 4 个月的降雨期为 6—9 月，占年降水量的 73%；内陆河流域连续最大 4 个月的降水量占年降水量的 42%～79%，变化较大，出现的月份也不集中，分布在 3—9 月间。

3.5.3.2 降水量的年际变化

降水量年际变化的大小，通常用实测年降水量的最大值和最小值的比值 K_m、年降水量变差系数 C_v 值来表示。K_m 越大，说明降水量的年际变化越大；K_m 越小，说明降水量年际之间均匀、变化较小。就全国而言，年降水量变化最大的地区是华北和西北，丰水年和枯水年降水量之比一般可达 3～5 倍，个别干旱地区高达 10 倍以上。而我国南方湿润地区降水量的年际变化相对北方要小，一般丰水年降水量为枯水年的 1.5～2.0 倍。年降水量变差系数 C_v 值与年降水量的年际变化也呈正比关系，在地区上的分布也有类似情况，即广大西北地区的年降水量变差系数 C_v 值是全国范围内最高的，大部分地区的 C_v 值在 0.40 以上，个别干旱盆地的 C_v 值可高达 0.7 以上。C_v 值最小的地区是我国南方十分湿润带和湿润带地区，一般在 0.20 以下。受台风暴雨影响，东南沿海少数地区年降水变差系数 C_v 值也可大于 0.25。其他地区，如华北、黄河中下游大部分地区、东北地区年降水量 C_v 值的变化介于以上二者之间。

选择长系列降水资料的代表站，根据频率分析计算，将年降水量分级：丰水年($P_m<12.5\%$)，偏丰水年[$P_m \in [12.5\%, 37.5\%)$]，平水年[$P_m \in [37.5\%, 62.5\%)$]，偏枯水年[$P_m \in [62.5\%, 87.5\%)$]，枯水年($P_m \geqslant 87.5\%$)，由此分析多年丰枯变化规律，分析旱涝周期变化、连涝连旱出现时间及变化规律。

3.6 地表水资源量的分析计算

3.6.1 地表水资源量的含义及分析计算内容

地表水是陆地表面的河流、冰川、湖泊、沼泽等水体的总称。地表水资源量通常用地表水体的动态水量即河川径流量来表示。

地表水资源量的计算主要内容包括多年平均年径流量、不同频率的年径流量、河川径流量的年内分配、河川径流量的年际变化及地区分布等。

径流分析计算成果的精度与合理性取决于原始资料的可靠性、一致性和代表性，因此，需要进行资料系列“三性”审查和对径流资料进行插补延长。除此之外，由于人类活动的影响，河川径流量往往已经不是天然条件下的径流量，所以，在分析计算之前还应该对其进行还原修正；因径流深和径流系数等也能反映径流量特征，故往往也是地表水资源计算分析的内容；由于一个区域往往是非封闭的，常常和外区域发生水量交换，因此在地表水资源量计算中，还需要计算区域的入境水量和出境水量。

3.6.2 地表水资源量的计算方法

根据区域的气候及下垫面条件，综合考虑气象站和水文站点的分布、实测资料的年限及质量等情况，河川径流量的计算可选用代表站法、等值线图法、降水径流关系法和水文比拟法等。

3.6.2.1 代表站法

在研究区域内，选择一个或几个基本能够控制全区、实测径流资料系列较长并且具有足够精度的代表站，从径流形成条件的相似性出发，将代表站的年径流量按面积比或综合修正的方法移用到整个研究区域范围内，从而推求区域多年平均及不同保证率的年径流量，这种方法称为代表站法。依据所选代表站个数和区域下垫面条件的不同而采取不同的计算形式。

3.6.2.1.1 单一代表站

(1) 若代表流域内能选择一个代表站，该站控制面积与研究区域相差不大，产流条件基本相同，如图 3-10(a)所示，此时，可用下式计算研究区域的逐年径流量：

$$W_{研} = \frac{F_{研}}{F_{代}} W_{代} \tag{3-14}$$

式中，$W_{研}$、$W_{代}$ 分别为研究区域、代表站的年径流量；$F_{研}$、$F_{代}$ 分别为研究区域、代表站流域的面积。

(2) 若研究区域内不能选择一个控制面积与研究区域面积相差不大的代表站，且上下游产汇流条件亦有较大差别时，则应采用与研究区域相似的部分代表站流域(如区间径流量与相应的集水面积)推求研究区域径流量，如图 3-10(b)所示。此时，可用下式计算研究区域的逐年径流量：

$$W_{研} = \frac{F_{研}}{F_{区间}} (W_{代下} - W_{代上}) \tag{3-15}$$

式中，$W_{研}$、$W_{代上}$、$W_{代下}$ 分别为研究区域、代表站流域上游断面和下游断面的径流量；$F_{研}$、$F_{区间}$ 分别为研究区域和代表站流域上、下游断面之间的面积。

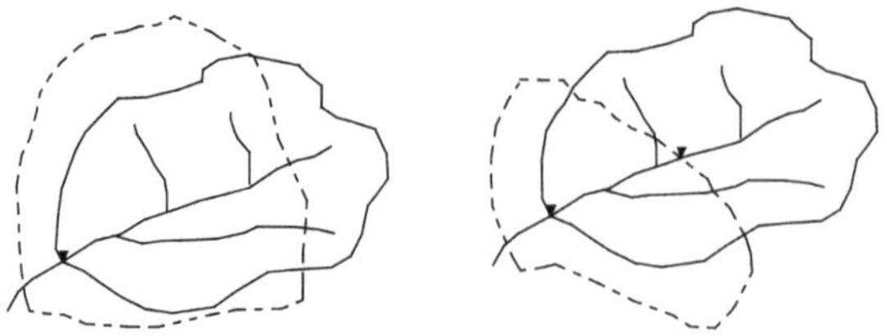

图 3-10　单一代表站法中流域界和研究区域界示意图

3.6.2.1.2　多个代表站

若研究区域内气候和下垫面条件差别较大，区域内可选择两个或两个以上代表站，将研究区域按气候、地形、地貌等条件划分为两个或两个以上分区，一个分区对应着一个代表站，先计算各分区逐年径流量，再相加得全区的逐年径流量，如图 3-11 所示。此时，计算公式为：

$$W_{研} = \frac{F_{研1}}{F_{代1}} W_{代1} + \frac{F_{研2}}{F_{代2}} W_{代2} + \cdots + \frac{F_{研N}}{F_{代N}} W_{代N} \tag{3-16}$$

式中，$W_{研}$、$W_{代N}$ 分别为研究区域、代表站流域中第 N 个分区的径流量；$F_{研N}$、$F_{代N}$ 分别为研究区域、代表站流域中第 N 个分区的面积。

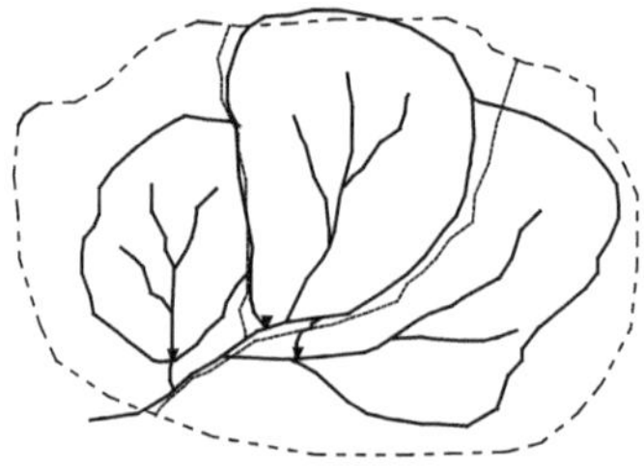

图 3-11　多个代表站法中流域界和研究区域界示意图

当研究区域与代表站流域的自然地理条件差别过大时，其产水条件也势必存在着明显的差异，而上述无论是单一代表站还是多个代表站，其计算公式只反映了面积对年径流量的影响。为了提高精度，应采用其他能反映产水量大小的指标，比如降水量对径流量进行修正，还可以采用反映下垫面特征对径流量影响的指标。采用降水量修正的单一代表站法时，公式(3-14)应改写成下列形式：

$$W_{研} = \frac{F_{研}\ P_{研}}{F_{代}\ P_{代}} W_{代} \tag{3-17}$$

式中，$W_{研}$、$W_{代}$ 分别为研究区域、代表站流域的年径流量；$F_{研}$、$F_{代}$ 分别为研究区域、代表站流域的面积；$P_{研}$、$P_{代}$ 分别为研究区域、代表站流域的年降水量。

3.6.2.2　等值线图法

在区域面积不大且缺乏实测径流资料的情况下，可以借用包含研究区在内的较大面积流域(代表流域)的径流量等值线来计算研究区径流量，计算步骤为：

(1) 在研究区范围内，计算相邻两条等值线之间的面积 F_i。

（2）计算 F_i 相应的径流深 R_i，R_i 可取两条径流深等值线的平均值。

（3）按照下式计算研究区的径流深：

$$R = \frac{1}{F}\sum_{i=1}^{n} F_i R_i \tag{3-18}$$

式中，R、R_i 分别为研究区域及第 i 个分区的径流深；F、F_i 分别为研究区域及第 i 个分区的面积；n 为分区个数。

应当指出，对于面积不同的区域，其等值线图法的计算精度是不相同的。大区域一般均有长期实测径流资料，实际上等值线图的实用意义不大。对于中等面积区域，等值线图有较大的实用意义，其精度一般比较高，因为等值线主要是依据中等面积代表站绘制的。对于小面积区域（300～500 km^2 以下），等值线图的误差可能较大，因此，小面积区域应用等值线图推求年径流时，应结合具体条件加以适当修正。

3.6.2.3　降水径流关系法

选择代表流域内具有实测降水径流资料的代表站，建立降水径流相关关系。若研究区域气候、下垫面情况与代表站流域相似，则将研究区域内的降水量代入代表站的降水径流相关关系，可求得研究区域的径流量。

3.6.2.4　水文比拟法

在无实测径流资料的地区，可使用水文比拟法。此法的关键是选择恰当的代表流域。代表流域应与研究区域在气候一致区内，两者的面积相差不大（一般在 10%～15%以内），影响产汇流的下垫面条件相似，且代表流域具有长期实测降水径流资料。

水文比拟法就是将代表流域的径流资料移置到研究区域上的一种方法。为了提高精度，可以用两者的面积比及降水量比对径流量加以修正，此时计算公式可参考式(3-17)。

3.6.3　出、入境水量计算

入境和出境水量，是针对特定区域边界而言的。入境水量是指河流流经区域边界流入区域内部的径流量；出境水量是指河流流经区域边界流出区域之外的径流量。河流的入境水量和外流域向本区的调水，都属于客水。当入境水量和出境水量相等时，该水量可叫作过路水量。实际上，河流流入特定区域以后，一般都存在河道渗漏、水面蒸发等损失，有的河流流经岩溶地区，尤其是西南岩溶地区，经过大量的“天窗”、漏斗等地表岩溶的渗漏，有相当一部分转化为地下水；有的河流流经沼泽区，大量水分消耗于蒸发，甚至变成无尾河；当河流流经工农业区时，也可能会从河流中引水，使得入境水量不能全部流出境外。这说明，入境水量是沿途变化的，一般情况下入境水量和出境水量并不相等。出、入境水量也需要进行年内、年际变化分析，常用的方法有代表站法和水均衡法。

3.6.3.1　代表站法

3.6.3.1.1　代表站在入境（或出境）处

（1）当区域内只有一条河流过境时，若其入境（或出境）处恰有长系列径流资料且具有足够精度的代表站，该站多年平均及不同保证率下的年径流量即为研究区域相应的入境（或出境）水量。

（2）若入境（或出境）处的代表站径流资料系列较短，或代表性不好，应采用相关分析等方法插补延长其年径流系列，使其具有足够代表性，然后依据延长后的年径流系列计算该站多年平均及不同保证率下的年径流量，最后得到研究区域相应的入境（或出境）水量。

3.6.3.1.2 代表站不在入境(或出境)处

在大多数情况下,代表站并不恰好处于区域边界上,代表站的位置有以下两种情况:

(1) 入境代表站位于区域内,其集水区面积与研究区面积有一部分相重复。这种情况下,应首先计算重复面积上的逐年降水产水量,并分析该重复面积上水资源的开发利用情况,以确定河流流量的其他增加和损失量,然后从代表站相应年份的水量中予以扣除或累加入其中,即可得到入境水量。

(2) 入境代表站位于区域的上游,代表站的集水区域小于实际入境边界处的集水区域。此时,应首先求出代表站至实际入境边界的区间面积上的逐年产水量,并分析该重复面积上水资源的开发利用情况,以确定河流流量的其他增加和损失量,将该区间的年水量加在代表站相应年份的径流量上或从中扣除,即可得到入境水量。

当出境代表站位于区域之内或区域边界下游时,可按照同样方法求出相应重复面积或区间面积的逐年产水量及其他增加和损失量,并从代表站对应年水量中加上或扣除相应水量,即可得到出境水量。

重复面积和区间面积产水量计算,可采用产水系数法、水量面积比值法、降水径流关系法和水文比拟法等。

3.6.3.1.3 研究区内有几条河流出、入境

对于较大区域,可能有几条河流出、入境。这种情况下,需在各出、入境河流上选择代表站,按上述方法分别计算各河流逐年出、入境水量,然后将各河逐年出、入境水量相加,即可得到区域总出、入境水量。

3.6.3.2 水均衡法

该方法是根据水量均衡原理,通过建立河流上、下游断面的水量平衡计算出、入境水量。

3.6.4 径流量年内及年际变化

径流量的年内变化分析与降水量类似,可以采用以下量反映:多年平均的月径流过程,用各月径流量多年平均值本身或其与年径流量多年平均值比值,通过柱状图或者过程线形式表示;多年平均连续最大 4 个月径流百分率,即连续最大 4 个月的径流总量占多年平均年径流量的百分数;枯水期径流百分率,指枯水期径流量与年径流量比值的百分数,枯水期可分别选为 5—6 月、9—10 月或 11 月至翌年 4 月。还应选择典型年,分析其年内径流量变化过程。

径流量年际变化包括年际间变化和多年变化过程。年际变化通常用年径流变差系数 C_v 以及最大与最小年径流比值、偏态系数 C_s 来表示。年径流变差系数 C_v 反映一个地区年径流的相对变化程度,以冰雪融水和地下水补给为主的河流 C_v 值较小,以雨水补给为主的河流 C_v 值较大。多年变化过程包括年径流丰、平、枯的特征及其周期,可通过较长时期的观测资料分析。一般以降雨补给为主的河流,年径流的多年变化除受降雨年际变化的影响外,还受流域的地质地貌、流域面积大小、山区平原面积的相对比重影响。流域面积越大,流域降雨径流的不均匀性越大,从而各支流之间的丰枯补偿作用也越大,使年际变化减小;同时,面积越大的河流,一般基流量也越大,也能起到减缓多年变化的作用。面积太小的流域往往不闭合,此时,应注意各项径流指标的计算。

对于流域内有多个子流域的情况,可以通过各子流域水文站监测到的径流量资料分析径流量在空间上的分布特征,主要是通过多年平均年径流深及年径流变差系数 C_v 等各种等

值线图来描述，比如，可以利用年内变化特征绘制各种等值线图进行分析，通过绘制各个测站的多年平均连续最大4个月径流百分率的等值线图可以分析径流量集中程度和相应出现的月份的空间分布。

各种等值线图需进行合理性检查。

3.7 地表水资源可利用量的分析计算

3.7.1 地表水资源可利用量的含义

20世纪80年代后期开始提出水资源可利用量的概念，在一些相关水资源研究的文献中有不同的表述，但目前对其内容和含义已基本达成了共识。地表水资源可利用量是指在可预见的时期内，在统筹考虑生活、生产和生态环境用水，协调河道内与河道外用水的基础上，通过经济合理、技术可行的措施可供河道外一次性利用的最大水量(不包括回归水重复利用量)。地表水可利用量表示的为中远期宏观数，是水资源开发利用的极限阈值。《水资源评价导则》中规定，某一分区的地表水资源可利用量，不应大于当地河川径流量与入境水量之和再扣除相邻地区分水协议规定的出境水量。入境水量是地表水资源可利用量的重要组成部分，在河流的中下游地区，区域内当地产水量可能不大，但入境水量却可能很丰富，这些地区的工业、生活和农业用水，在很大程度上要依靠入境水量补给。

与地表水资源可利用量密切相关的地表水可供水量是指不同水平年不同来水情况下，通过各项工程设施，在合理开发利用的前提下，能满足一定的水质要求，可供各部门使用的水量。可供水量的影响因素很多，包括工程设施可供水的数量、工农业的发展水平以及雨情、水情和旱情，而且反映一定的水资源管理水平，也就是说可供水量与来水条件、用水条件和工程条件等有关，所以它与工程的供水能力和工程的实际供水量是有差别的，是有别于工程供水能力和实际供水量的一个设计水量。可供水量的计算应考虑需水要求，将供水和用水结合起来。弃水和不能为用户所利用的水量不能作为可供水量。

地表水可供水量是水资源现状分析的基础，准确计算可供水量，能避免国民经济发展过程中可能出现的水资源供需矛盾，并能为上级部门科学用水提供决策依据。

3.7.2 地表水资源可利用量的分析计算方法

地表水资源可利用量的计算方法目前还没有统一，这里介绍《地表水资源可利用量计算补充技术细则》中的计算方法。根据《地表水资源可利用量计算补充技术细则》，地表水资源可利用量中主要要计算不可以被利用水量和不可能被利用水量。

不可以被利用水量是指不允许利用的水量，以免造成生态环境恶化及被破坏的严重后果，即必须满足的河道内生态环境用水量。

不可能被利用水量是指受种种因素和条件的限制，无法被利用的水量，主要包括：超出工程最大调蓄能力和供水能力的洪水量；在可预见时期内受工程经济技术性影响不可能被利用的水量；在可预见的时期内超出最大用水需求的水量等。

3.7.2.1 计算方法

地表水资源可利用量的计算方法包括倒算法和正算法。

3.7.2.1.1 倒算法

倒算法是用多年平均水资源量减去不可以被利用水量和不可能被利用水量中的汛期下

泄洪水量的多年平均值，得出多年平均水资源可利用量，可用下式表示：

$$W_{地表水可利用量} = W_{地表水资源量} - W_{河道内需水量外包} - W_{洪水弃水} \tag{3-19}$$

倒算法一般用于北方水资源紧缺地区。

3.7.2.1.2　正算法

正算法是根据工程最大供水能力或最大用水需求的分析成果，以用水消耗系数（耗水率）折算出相应的可供河道外一次性利用的水量，可用式(3-20)或式(3-21)表示：

$$W_{地表水可利用量} = K_{用水消耗系数} \cdot W_{最大供水能力} \tag{3-20}$$

$$W_{地表水可利用量} = K_{用水消耗系数} \cdot W_{最大用水需求} \tag{3-21}$$

正算法用于南方水资源较丰沛的地区及沿海独流入海河流，其中式(3-20)一般用于大江大河上游或支流水资源开发利用难度较大的山区以及沿海独流入海河流，式(3-21)一般用于大江大河下游地区。

北方及南方河流地表水资源可利用量计算示意图如图 3-12 和图 3-13 所示。

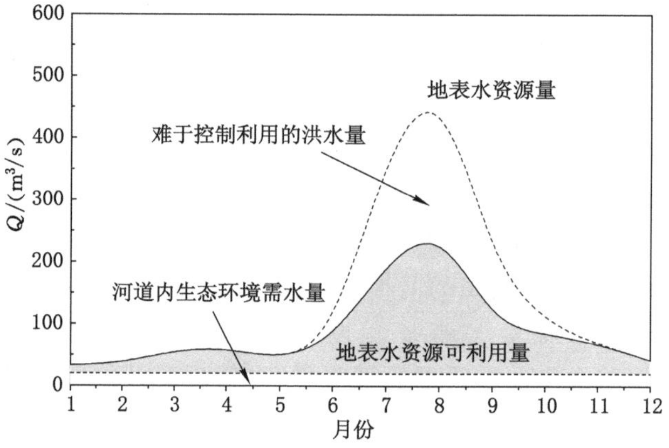

图 3-12　北方河流地表水资源可利用量计算示意图

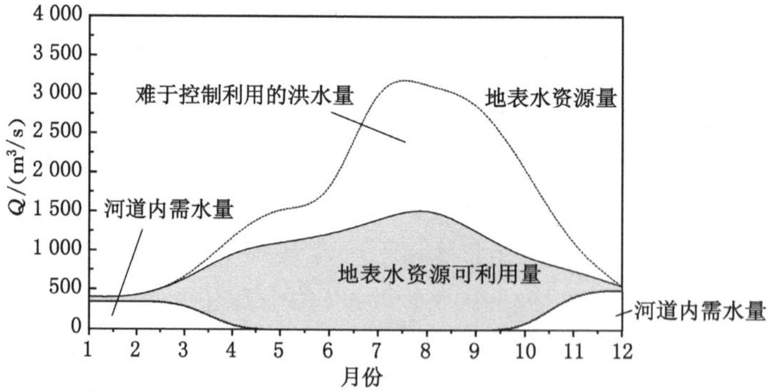

图 3-13　南方河流地表水资源可利用量计算示意图

3.7.2.2　可利用量计算

可利用量计算涉及的各项水量包括河道内生态环境需水量、河道内生产需水量、汛期下泄洪水量、工程最大供水能力相应的供水量和最大用水需求量等。

3.7.2.2.1 河道内生态环境需水分类及其计算

河道内生态环境需水量主要包括下列需水量：河流维持河道基本功能的最小流量，改善城市景观河道内需水量，维持湖泊湿地生态功能的最小水量，保持一定水环境容量的水量，维持河湖水生生物生存的水量，河道冲沙输沙水量，冲淤保港水量，防止河口淤积、海水入侵、维系河口生态平衡的入海水量等。各类生态环境需水量的计算方法如下。

(1) 河流最小生态环境需水量。

河流最小生态环境需水量即维持河道基本功能（防止河道断流、保持水体一定的稀释能力与自净能力）的最小流量，是指维系河流的最基本环境功能不受破坏所必须在河道中常年流动着的最小水量阈值，需要考虑河流水体维持原有自然景观，使河流不萎缩断流，并能基本维持生态平衡。通常采用的计算方法如下。

① 以多年平均径流量的百分数（北方地区一般取 10%～20%，南方地区一般取 20%～30%）作为河流最小生态环境需水量。计算公式为：

$$W_{\mathrm{r}} = \frac{1}{n}\left(\sum_{i=1}^{n} W_i\right) \cdot K \tag{3-22}$$

式中，W_{r}为河流最小生态环境需水量；W_i表示第 i 年的径流量（水资源量）；K 为选取的百分数；n 为统计年数。

② 根据近 10 年（也可以是更长的序列）最小月流量或 90%保证率最小月流量，计算多年平均最小生态环境需水量。计算公式为：

$$W_{\mathrm{r}} = 12 \times \min(W_{ij}) = 12 \times \min\,(W_{ij})_{P=90\%} \tag{3-23}$$

式中，W_{r} 为河流最小生态环境需水量；$\min(W_{ij})$ 表示近 10 年最小的月径流量；$\min\,(W_{ij})_{P=90\%}$ 表示在多年的天然月径流序列中，挑选每年最小的月径流量，组成最小月径流量序列，对此序列进行统计分析，取其 $P=90\%$保证率的特征值。

③ 典型年法。选择满足河道基本功能、未断流又未出现较大生态环境问题的某一年作为典型年，将典型年最小月平均流量或月径流量作为满足年生态环境需水的平均流量或月平均的径流量。典型年的年径流量一般与多年平均的年径流量比较接近。计算公式为：

$$W_{\mathrm{r}} = 12 \times W_{\text{最小月径流量}} = 365 \times 0.000\,864 \times Q_{\text{最小月平均流量}} \tag{3-24}$$

(2) 城市河湖景观需水量。

城市景观河道内生态环境需水量是与水的流动有关联的穿城河道与通河湖泊，为改善城市景观需要保持河湖水体流动的河道内水量，根据改善城市生态环境的目标和水资源条件确定。城市河湖景观需水量计算方法如下。

① 城市水面面积比例法：

$$W_{\text{河湖}} = \beta_n \cdot S \cdot E \tag{3-25}$$

式中，$W_{\text{河湖}}$ 为城市河湖景观需水量；β_n 为城市河湖水面面积占城市市区面积的比率，水面面积一般应占城市市区面积的 1/6 为宜，如果考虑城市绿地的效应，则该指标应适当降低，一般在 5%～15%较为合适；S 为城市市区面积；E 为河湖水面蒸发量。

或者：

$$W_{\text{河湖}} = \lambda \cdot S_{\mathrm{g}} \cdot P \cdot E \tag{3-26}$$

式中，λ 为绿地折合成水面面积的折算系数，若按通常在计算绿化面积时将水面面积的一半计为绿化面积，则 λ 为 2；S_{g}为城市市区人均绿地面积，我国推荐的城市绿地面积为 7～

11 m^2/人；P 为城市(包括县级市)城镇人口；E 为河湖水面蒸发量。

② 人均水量法。根据城市河湖建设情况，为满足城市景观和娱乐休闲的需要，推算城市河湖景观需水量，计算公式如下：

$$W_{河湖} = \alpha_1 \cdot P \tag{3-27}$$

式中，α_1 为人均城市河湖需水基准值，一般为 20 m^3/人；P 为城市(包括县级市)城镇人口。

城市河湖景观用水量计算，需要收集城市市区规划面积、城市人口、水面面积等资料，并根据改善城市生态环境的目标和水资源条件来确定城市河湖景观最小需水量。城市河湖景观需水应注意河道内与河道外生态环境需水的区别，一般情况下，为保持河湖一定的水面而补充被消耗的水量为河道外需水，为保持穿城河道和通河湖泊的流动性而需要的水量为河道内需水。有些城市利用处理后的污废水改善城市河湖水环境，这部分水量不是一次性用水，这些河湖可不计生态需水。

(3) 通河湿地恢复与保护需水量。

湿地生态环境需水一般为维持湿地生态和环境功能所消耗的、需补充的水量。由于通河湿地这些水量是靠天然河道的水量自然补充的，可以作为河道内需水考虑。湿地生态环境需水量包括湿地蒸发渗漏损失的补水量、湿地植物需水量、湿地土壤需水量、野生生物栖息地需水量等。

根据湿地、湖泊洼地的功能确定满足其生态功能的最低生态水位，具有多种功能的湿地需进行综合分析，据此确定相应的水面和容量，并推算出在维持最低生态水位情况下的水面蒸发耗水量(水面蒸发量与水面降水量的差值)及渗漏损失水量，确定湖泊、洼淀最小生态需水量。在计算出湿地的各项需水量后，分析确定通河湿地恢复与保护需水量。

(4) 环境容量需水量。

环境容量需水量是维系和保护河流的最基本环境功能(保持水体一定的稀释能力、自净能力)不受破坏，所必须在河道中常年流动着的最小水量。因人类活动影响所造成的水污染，导致河流的基本环境功能衰退，有些地区采取清水稀释的办法改善水环境状况，这不是倡导的办法，不在环境需水量的考虑范畴之列。环境容量需水计算方法同河流最小生态环境需水量计算。

(5) 冲沙输沙及冲淤保港水量。

冲沙输沙水量是为了维持河流中下游冲刷与侵蚀的动态平衡，须在河道内保持的水量。输沙需水量主要与输沙总量和水流的含沙量大小有关。水流的含沙量则取决于流域产沙量的多少、流量的大小以及水沙动力条件。一般情况下，根据来水来沙条件，可将全年冲沙输沙需水分为汛期和非汛期输沙需水。对于北方河流而言，汛期的输沙量约占全年输沙总量的 80%。但汛期含沙量大，输送单位泥沙的用水量比非汛期小得多。根据对黄河的分析，汛期输送单位泥沙的用水量为 30～40 m^3/t，非汛期为 100 m^3/t。

汛期输沙需水量计算公式为：

$$W_{m1} = S_1 / C_{max} \tag{3-28}$$

或者：

$$W_{m1} = S_1 \cdot C_{ws1} \tag{3-29}$$

式中，W_{m1} 为汛期输沙需水量；S_1 为多年平均汛期输沙量；C_{ws1} 为多年平均汛期输送单位泥沙用水量；C_{max} 为多年最大月平均含沙量的平均值，可用下式计算：

$$C_{\max} = \frac{1}{N}\sum_{i=1}^{N}\max(C_{ij}) \tag{3-30}$$

式中，C_{ij} 为第 i 年 j 月的平均含沙量；N 为统计年数。

非汛期输沙需水量计算公式为：

$$W_{m2} = S_2 \cdot C_{ws2} \tag{3-31}$$

式中，W_{m2} 为非汛期输沙需水量；S_2 为多年平均非汛期输沙量；C_{ws2} 为多年平均非汛期输送单位泥沙用水量。

全年输沙需水量 W_m 为汛期与非汛期输沙需水量之和：

$$W_m = W_{m1} + W_{m2} \tag{3-32}$$

(6) 水生生物保护水量。

维持河流系统水生生物生存的最小生态环境需水量，是指维系水生生物生存与发展，即保存一定数量和物种的生物资源，河湖中必须保持的水量。

采用河道多年平均年径流量的百分数法计算需水量，百分数应不低于 30%。

此外，还应考虑河道水生生物及水生生态保护对水质和水量的一些特殊要求，以及稀有物种保护的特殊需求。

对于较大的河流，不同河段水生生物物种对水质、水量的要求不一样，可分段设定最小生态需水量。

(7) 最小入海水量。

最小入海水量指维持河流系统水沙平衡、河口水盐平衡和生态平衡的入海水量。保持一定的入海水量是维持河口生态平衡(包括保持一定的生物数量与物种)所必需的。

最小入海水量，重点分析枯水年入海水量，在历史系列中选择未出现较大河口生态环境问题的最小月入海水量做参照。非汛期入海水量与河道基本流量分析相结合，汛期入海水量应与洪水弃水量分析相结合。

感潮河流为防止枯水期潮水上溯，保持河口地区不受海水入侵的影响，必须保持河道一定的防潮压咸水量。可根据某一设计潮水位上溯的影响，分析计算河流的最小入海压咸水量。也可在历史系列中，选择河口地区未受海水入侵影响的最小月入海水量，计算相应的入海月平均流量，作为防潮压咸的控制流量。

3.7.2.2.2 河道内生产需水量

河道内生产需水量主要包括航运、水力发电、水产养殖等部门的用水。河道内生产用水一般不消耗水量，可以“一水多用”，但要通过在河道中预留一定的水量给予保证。

(1) 航运需水量。

航运需要根据航道条件保持一定的流量，以维持航道必要的深度和宽度。在设计航运基流时，根据治理以后的航道等级标准及航道条件，计算确定相应设计最低通航水深保证率的流量，以此作为河道内航运用水的控制流量。

航运需水量要与河道内生态环境需水量综合考虑，其超过河道内生态环境需水量的部分，要与河道外需水量统筹协调。

(2) 水力发电需水量。

水力发电用水一般指为保持梯级电站、年调节及调峰等电站的正常运行，需要向下游下泄并在河道中保持的一定的水量。水力发电一般不消耗水量，但要满足在特定时间和河段内保持一定水量的要求。在统筹协调发电用水与其他各项用水的基础上,计算确定水力发电需水量。

(3) 水产养殖需水量。

河道内水产养殖用水主要指湖泊、水库及河道内养殖鱼类及其他水产品需要保持的一定的水量。一般情况下,在考虑其他河道内生态环境和生产用水的条件下,河道内水产养殖用水的水量能得到满足。水产养殖用水对水质也有明确的要求,应通过对水源的保护和治理,满足其要求。

3.7.2.2.3 河道内总需水量

河道内总需水量是在上述各项河道内生态环境需水量及河道内生产需水量计算的基础上,分月取外包并将各月的外包值相加得出的多年平均情况下的河道内总需水量,计算公式如下:

$$W_{\text{河道内总需水量}} = \sum_{j=1}^{n} \max W_{ij} \tag{3-33}$$

式中,W_{ij} 表示上述 i 项 j 月河道内需水量,$n=1, \cdots, 12$。

3.7.2.2.4 下泄洪水量分析计算

(1) 下泄洪水量的概念。

下泄洪水量是指汛期不可能被利用的水量。对于支流而言,其下泄洪水量是指支流泄入干流的水量,对于入海河流则是指最终泄弃入海的水量。下泄洪水量是根据最下游的控制节点分析计算的,不是指水库工程的弃水量,一般水库工程的弃水量到下游还可能被利用。

由于洪水量年际变化大,在几十年总弃水量长系列中,往往一次或数次大洪水弃水量占很大比重,而一般年份、枯水年份弃水较少,甚至没有弃水。因此,多年平均情况下的下泄洪水量计算,不宜采用简单地选择某一典型年的计算方法,而应以未来工程最大调蓄与供水能力为控制条件,采用天然径流量长系列资料,逐年计算汛期下泄的水量,在此基础上统计计算多年平均下泄洪水量。

对于下泄洪水量基于这样的认识:汛期水量中一部分可供当时利用,还有一部分可通过工程蓄存起来供以后利用,剩余水量即为不可能被利用的下泄洪水量。

(2) 下泄洪水量的计算方法与步骤。

将流域控制站汛期的天然径流量减去流域调蓄和耗用的最大水量,剩余的为下泄洪水量。

① 确定汛期时段。

各地进入汛期的时间不同,工程的调蓄能力和用户在不同时段的需水量要求也不同,因而在进行汛期下泄洪水量计算时所选择的汛期时段不一样。一般来说,北方地区,汛期时段集中,7—8 月是汛期洪水出现最多最大的时期,8—9 月汛后是水库等工程调蓄水量最多的时期,而 5—6 月是用水(特别是农业灌溉用水)的高峰期。因此,北方地区计算下泄洪水量时,汛期时段选择 7—9 月为宜。南方地区,汛期出现的时间较长,一般为 4—10 月,且又分成两个或多个相对集中的高峰期。南方地区中小型工程、引提水工程的供水能力所占比例大,同时用水时段也不像北方那样集中。因此,南方地区下泄洪水量计算,汛期时段宜分段选取,一般 4—6 月为一汛期时段,7—9 月为另一汛期时段,分别分析确定各汛期时段的控

制下泄洪水量 W_m。

② 计算汛期最大的调蓄和耗用水量W_m。

对于现状水资源开发利用程度较高、在可预期的时期内没有新工程的流域水系，可以根据近10年来实际用水消耗量(由天然径流量与实测径流量之差计算)选择最大值，作为汛期最大用水消耗量。

对于现状水资源开发利用程度较高，但尚有新工程的流域水系，可在对新建工程供水能力与作用的分析基础上，对根据上述原则统计的近10年实际出现的最大用水消耗量进行适当调整，作为汛期最大用水消耗量。

对于现状水资源开发利用程度较低、潜力较大的地区，可根据未来规划水平年供水预测或需水预测的成果，扣除重复利用的部分，折算成用水消耗量。对于流域水系内调蓄能力较强的控制性骨干工程，分段进行计算，控制工程以上主要考虑上游的用水消耗量、向外流域调出的水量以及水库的调蓄水量；控制工程以下主要考虑下游区间的用水消耗量。全水系汛期最大调蓄及用水消耗量为上述各项相加之和。

③ 计算多年平均汛期的下泄洪水量$W_{泄}$。

用控制站汛期天然径流系列资料 $W_{天}$ 减去W_m得出逐年下泄洪水量$W_{泄}$(若$W_{天}-W_m<0$，则 $W_{泄}$为0)，并计算其多年平均值：

$$W_{泄}=\frac{1}{n}\sum(W_{i天}-W_m) \tag{3-34}$$

式中，$W_{泄}$为多年平均汛期下泄洪水量；$W_{i天}$为第 i 年汛期天然径流量；W_m为流域汛期最大调蓄及用水消耗量；n为系列年数。

参考文献

[1] 陈玲玲，陈思睿.西大洋水库降雨径流系列可靠性与一致性分析[J].水科学与工程技术，2016(4):1-5.

[2] 陈民，谢悦波，冯宇鹏.人类活动对海河流域径流系列一致性影响的分析[J].水文，2007,27(3):57-59.

[3] 陈曦，田长涛.水文资料系列一致性分析方法探讨[J].科技创新与应用，2016(32):225.

[4] 李晓远，刘淑清.天然年径流系列一致性的分析方法及实例验证[J].吉林水利，2006(12):4-5.

[5] 曲小红，石生新，荣丰涛.降雨径流系列的一致性分析[J].山西水利科技，1999(1):34-37.

[6] 石代军.浅谈天然年径流量系列一致性修正方法的改进[J].吉林水利，2005(1):3-4,9.

[7] 章数语.流域降水径流非一致性诊断方法及应用研究[D].北京：中国水利水电科学研究院，2016.

4 水资源总量评价

4.1 水资源总量的概念

水资源主要是指某一地区逐年可以恢复和更新的、可以被利用的淡水资源，包括地表水、土壤水和地下水。地表水主要有河流水和湖泊水，由大气降水、高山冰川融水和地下水所补给，以河川径流、水面蒸发、土壤入渗的形式排泄。地下水为储存于地下含水层中的水量，由降水和地表水的下渗所补给，以河川径流、潜水蒸发、地下潜流的形式排泄。土壤水为存在于包气带中的水量，上面承受降水和地表水的补给，下面接受地下水的补给，主要消耗于土壤蒸发和植物散发，一般是在土壤含水量超过田间持水量的情况下才下渗补给地下水或形成壤中流汇入河川，所以它具有供给植物水分并连通地表水和地下水的作用。由此可见，降水、地表水、土壤水、地下水之间存在一定的转化关系。

在一个闭合流域内，如果把地表水、土壤水、地下水作为一个整体看待，则天然情况下的总补给量为降水量，总排泄量为河川径流量、总蒸（散）发量、地下潜流量之和。总补给量与总排泄量之差为区域内地表、土壤、地下的蓄水变量。一定时段内的区域水量平衡公式为：

$$P = R + E + U_g \pm \Delta V \tag{4-1}$$

式中，P 为降水量；R 为河川径流量；E 为总蒸（散）发量；U_g 为地下潜流量；ΔV 为地表水、土壤水和地下水的蓄水变量。

在多年均衡情况下，蓄水变量可以忽略不计，式(4-1)可简化为：

$$P = R + E + U_g \tag{4-2}$$

可将河川径流量划分为地表径流量（R_s，包括坡面流和壤中流）和河川基流量（R_g），将总蒸（散）发量划分为地表蒸（散）发量[E_s，包括植物截留损失、地表水体蒸发和包气带蒸（散）发]和潜水蒸发量（E_g），于是式(4-2)可以改写为：

$$P = R_s + R_g + E_s + E_g + U_g \tag{4-3}$$

根据地下水的多年平均补给量与多年平均排泄量相等的原理，在没有外区来水的情况下，区域内地下水的降水入渗补给量（U_p）应为河川基流量、潜水蒸发量、地下潜流量等三项之和，即：

$$U_p = R_g + E_g + U_g \tag{4-4}$$

把式(4-4)代入式(4-3)，则得区域内降水与地表径流、地表蒸（散）发、降水入渗补给的平衡关系，即：

$$P = R_s + E_s + U_p \tag{4-5}$$

将区域水资源总量（W）定义为当地降水形成的地表和地下的产水量，则有：

$$W = R_s + U_p = P - E_s \tag{4-6}$$

或者：

$$W = R + U_g + E_g \tag{4-7}$$

式(4-6)和式(4-7)是将地表水和地下水统一考虑的区域水资源总量计算的两种公式。前者把河川基流量归并于地下水补给量中，后者把其归并于河川径流量中，可以避免水量的重复计算。从式(4-7)看出，水资源总量中比河川径流量多了地下潜流量和潜水蒸发量两项。由于潜水蒸发量可随着地下水开采水平的提高而逐渐被“夺取”，成为可开发利用的潜在水资源量，而地下潜流量一般很小，故有时可把河川径流量作为水资源总量。

4.2 水资源总量的计算

闭合流域的水资源总量可以利用式(4-6)和式(4-7)进行计算，也可以在分别计算地表水资源量(河川径流量)和地下水资源量(地下水补给量)的基础上，再扣除两者之间的重复计算水量来计算水资源总量。由于地表水和地下水互相联系而又互相转化，河川径流量中包括一部分地下水排泄量，地下水补给量中又有一部分来源于地表水体的入渗，故不能将地表水资源量和地下水资源量直接相加作为水资源总量，而应扣除互相转化的重复水量，即：

$$W = R + Q - D \tag{4-8}$$

式中，W 为水资源总量；R 为地表水资源量；Q 为地下水资源量；D 为地表水与地下水的重复计算量。

地表水与地下水的转化形式及转化强度，在不同地貌类型区域具有不同的特点，差异比较明显。地表水与地下水的重复计算量 D，因地貌类型区地下水资源评价计算方法不同而异，因此，不同地貌类型区的水资源总量的计算方法也不相同。

4.2.1 单一山丘区

这种类型的区域包括一般山丘区、岩溶山区、黄土高原丘陵沟壑区。地表水资源量为当地的河川径流量，地下水资源量按排泄量计算，相当于当地降水入渗补给量。地表水和地下水互相转化的重复量为河川基流量。水资源总量计算公式为：

$$W_m = R_m + Q_m - R_{gm} \tag{4-9}$$

式中，W_m 为水资源总量；R_m 为山丘区的河川径流量(地表水资源量)；Q_m 为山丘区的地下水资源量；R_{gm} 为山丘区的河川基流量。

一般情况下，R_{gm} 在山丘区地下水资源中占有相当大的比例，比如，在我国北方山丘区，R_{gm} 在地下水资源总量中可以占到90%以上。据此，在山丘区地下水资源评价中可以近似地用多年平均年河川基流量表示地下水资源量，而河川基流量全部包含在河川流量中，全部属于重复计算量，所以单一山丘区的水资源总量可以用多年平均年河川径流量代替。

山丘区河流坡度陡，河床切割较深，水文站得到的逐日平均流量过程线既包括地表径流，又包括河川基流，加之山丘区下垫面的不透水层相对较浅，河川基流基本是通过基岩裂隙水补给的，因此，河川基流量可以用分割流量过程线的方法来推求，具体方法有直线平割法、直线斜割法、加里宁分割法等。

在北方地区，由于河流封冻期较长，10月份以后降水很少，河川径流基本由地下水补给，其变化较为稳定，因此稳定封冻期的河川基流量，可以近似用实测河川径流量来代替。

4.2.2 单一平原区

这种类型区包括北方一般平原区、沙漠区、内陆闭合盆地平原区、山间盆地平原区、山间河谷平原区、黄土高原台塬阶地区。地表水资源量为当地平原河川径流量。地下水除了由当地降水入渗补给，一般还包括地表水补给（包括河道、湖泊、水库、闸坝等地表蓄水体）和上游山丘区或相邻地区侧向渗入。水资源总量计算公式为：

$$W_p = R_p + Q_p - D_{rgp} \tag{4-10}$$

式中，W_p为水资源总量；R_p为平原区的河川径流量（地表水资源量）；Q_p为平原区的地下水资源量；D_{rgp}为重复计算量。

降水入渗补给量是平原区地下水的重要来源。据统计分析，我国北方平原区降水入渗补给量占平原区地下水总补给量的 53%，山丘区河川径流流经平原时的补给量占 43%，山前侧向流入补给量仅占 4%。在开发利用地下水较少的地区（特别是我国南方地区），降水入渗补给中有一部分要排入河道，成为平原区河川基流，平原区地表水和地下水相互转化的重复水量有渠系渗漏补给量、渠灌入渗补给量、人工回灌补给量、河川基流量和地表水体渗漏补给量等，这里的渗漏补给量指的是受人类活动引起的地表水体的渗漏补给量，比如水库的渗漏补给量、由于开采引起地下水水位下降而产生的地表水体渗漏补给量等。

需要注意的是，平原区地表水和地下水的补排关系有时比较复杂，在不同的季节或者不同的河段补排关系可能会发生变化。

4.2.3 混合地貌类型区

在多数水资源分区内，往往存在两种以上的地貌类型区，如上游为山丘区（或按排泄项计算地下水资源量的其他类型区），下游为平原区（或按补给项计算地下水资源量的其他类型区）。在计算全区地下水资源量时，应先扣除山丘区地下水和平原区地下水之间的重复量。这个重复量由两部分组成：一是山前侧渗量；二是山丘区河川基流对平原区地下水的补给量。后者与河川径流的开发利用情况有关，较难准确定量，一般用平原区地下水的地表水体渗漏补给量乘以山丘区河川基流量与河川径流量之比（$K = R_{gm}/R_m$）确定，这实际上是假设了渗漏补给量中的基流补给量与非基流补给量之比和山丘区河川基流量与河川径流量之比相同。全区地下水资源量按下式计算：

$$Q = Q_m + Q_p - (Q_k + KQ_s) \tag{4-11}$$

式中，Q_m为山丘区地下水资源量；Q_p为平原区地下水资源量；Q_k为山前侧渗流入补给量；Q_s为地表水对平原区地下水的补给量；K为山丘区河川基流量与河川径流量的比值。

由于在全区地下水资源量计算时已经扣除了一部分重复量，所以地表水资源量与地下水资源量之间的重复量 D 为：

$$D = R_{gm} + R_{gp} + (1 - K)Q_s \tag{4-12}$$

式中，R_{gm}为山丘区河川基流量；R_{gp}为平原区河川基流量；其他符号含义同前。

全区水资源总量 W 按下式计算：

$$W = R + Q - [R_{gm} + R_{gp} + (1 - K)Q_s] \tag{4-13}$$

式中，R 为全区河川径流量；Q 为全区地下水资源量；其他符号含义同前。

从上可以看出，地貌组合类型区的水资源总量计算有三个步骤：① 计算山丘区和平原区的地下水资源量中的重复量；② 分别计算山丘区和平原区的地表水与地下水资源重复量；③ 用山丘区和平原区的水资源量的和减去①、②中的全部重复量。

总之，要合理地计算一个流域或一个地区的水资源总量，就应当在地表水与地下水相互转化调查研究的基础上，考虑水量的重复部分，予以扣除。重复水量包括：① 山区河川基流量；② 平原区河川基流量；③ 河道渗漏、渠系渗漏、灌溉回归等补给地下水的量；④ 山前侧向径流量，为山区流入平原的地下径流量，属于地下水本身的重复计算量；⑤ 井灌回归量，属于平原区地下水的重复利用量。

区域水资源总量代表在当前自然条件下可用的水资源的最大潜力，由于技术、经济等方面的原因，其中有相当一部分是在现实条件不能予以充分利用的。当然，在以上水资源总量的计算中，也没有考虑通过专门的人为措施可更多地使降水转化为可用水量的情况。

4.2.4 不同频率水资源总量的计算

不同频率的水资源总量，不能用典型年法或同频率相加法进行计算，而必须首先求出区域的逐年水资源总量系列，然后通过频率计算加以确定。若资料较为充分，能够得到水资源总量系列，问题较易解决。如果受资料所限，组成水资源总量的某些分量难以逐年求得，则可用下述方法近似计算：以多年平均水资源总量为基础，借助于河川径流量和降水入渗补给量系列，近似推求水资源总量系列。山丘区可用多年平均水资源总量乘以逐年的河川径流量与多年平均河川径流量的比值，得出水资源总量系列。平原区则以多年平均水资源总量乘以逐年的河川径流量与降水入渗补给量之和，再除以上述两项之和的多年平均值，得出水资源总量系列。将对应年份的山丘区与平原区水资源总量逐年相加，即可得到全区域水资源总量系列。

求得不同频率代表年的年水资源总量后，区域内各计算单元的年水资源总量及水资源量的年内分配过程，均采用实际典型年同倍比缩放法得出。缩放倍比为代表年区域水资源总量与典型年区域水资源总量之比。

4.3 水资源可利用总量的估算

水资源可利用总量估算可采取下列两种方法：

(1) 地表水资源可利用量与浅层地下水资源可开采量相加再扣除两者之间重复计算量。两者之间的重复计算量主要是平原区浅层地下水的渠系渗漏和田间入渗补给量的开采利用部分。估算公式：

$$W_{\text{可利用总量}} = W_{\text{地表水可利用量}} + W_{\text{地下水可开采量}} - W_{\text{重复量}} \tag{4-14}$$

$$W_{\text{重复量}} = \rho(W_{\text{渠渗}} + W_{\text{田渗}}) \tag{4-15}$$

式中，ρ 为可开采系数，是地下水资源可开采量与地下水资源量的比值。

(2) 地表水资源可利用量加上降水入渗补给量与河川基流量之差的可开采部分。估算公式：

$$W_{\text{可利用总量}} = W_{\text{地表水可利用量}} + \rho(P_r - R_g) \tag{4-16}$$

式中，P_r 为降水入渗补给量；R_g 为河川基流量。

参考文献

[1] 王双银，宋孝玉. 水资源评价[M]. 2 版. 郑州：黄河水利出版社，2014.

5 水资源质量评价

5.1 地下水水质评价

5.1.1 地下水质量分类及指标

5.1.1.1 地下水质量分类

依据我国地下水质量现状、人体健康风险及地下水质量保护目标，参照生活饮用水与工业、农业用水质量要求，将地下水质量划分为五类：

Ⅰ类：地下水化学组分含量低，主要反映地下水化学组分的天然低背景含量，适用于各种用途；

Ⅱ类：地下水化学组分含量较低，主要反映地下水化学组分的天然背景含量，适用于各种用途；

Ⅲ类：地下水化学组分含量中等，以《生活饮用水卫生标准》(GB 5749—2006)为依据，主要适用于集中式生活饮用水水源及工农业用水；

Ⅳ类：地下水化学组分含量较高，以农业、工业用水质量要求及一定水平的人体健康风险为依据，适用于农业和部分工业用水，适当处理后可作生活饮用水；

Ⅴ类：地下水化学组分含量高，不宜作生活饮用水水源，其他用水可根据使用目的选用。

一般以地下水天然背景值为标准，研究地下水污染从量变到质变的过程。所谓背景值，指不受人类活动影响的地下水有关组分的天然含量，它们具有区域差异性，且随地质及水文地质条件的改变而发生变化。因此，在确定背景值之前，需要先划分水文地质单元，使其背景值能够反映水文地质环境的地下水背景。

5.1.1.2 地下水质量分类指标

根据《地下水质量标准》(GB/T 14848—2017)，在评价地下水质量时，地下水质量指标分为常规指标和非常规指标。在地下水的常规化学组分中，K^+、Na^+、Ca^{2+}、Mg^{2+}、HCO_3^-、SO_4^{2-}、Cl^-、NO_2^-、NO_3^-、NH_4^+、pH值、溶解性总固体、总硬度、DO、COD等为必须评价的因子。除此之外，还应根据各地的地下水实际情况与污染特点来选择其他的评价因子，如常见的有毒有害物质、重金属、细菌、病毒等。地下水质量常规指标分类及限值见表5-1。

另外，地下水水质评价中还有非常规指标，如钡、钴、镍等无机指标及二氯甲烷、三溴甲烷、三氯乙烯等有机指标，具体可参见《地下水质量标准》(GB/T 14848—2017)。

表 5-1 地下水质量常规指标及限值

序号	指标	Ⅰ类	Ⅱ类	Ⅲ类	Ⅳ类	Ⅴ类
感官性状及一般化学指标						
1	色(铂钴色度单位)	≤5	≤5	≤15	≤25	>25
2	嗅和味	无	无	无	无	有
3	浑浊度/NTU[a]	≤3	≤3	≤3	≤10	>10
4	肉眼可见物	无	无	无	无	有
5	pH	6.5～8.5			5.5～6.5 8.5～9.0	<5.5 或 >9.0
6	总硬度(以 $CaCO_3$ 计)/(mg/L)	≤150	≤300	≤450	≤650	>650
7	溶解性总固体/(mg/L)	≤300	≤500	≤1 000	≤2 000	>2 000
8	硫酸盐/(mg/L)	≤50	≤150	≤250	≤350	>350
9	氯化物/(mg/L)	≤50	≤150	≤250	≤350	>350
10	铁/(mg/L)	≤0.1	≤0.2	≤0.3	≤2.0	>2.0
11	锰/(mg/L)	≤0.05	≤0.05	≤0.10	≤1.50	>1.50
12	铜/(mg/L)	≤0.01	≤0.05	≤1.00	≤1.50	>1.50
13	锌/(mg/L)	≤0.05	≤0.50	≤1.00	≤5.00	>5.00
14	铝/(mg/L)	≤0.01	≤0.05	≤0.20	≤0.50	>0.50
15	挥发性酚类(以苯酚计)/(mg/L)	≤0.001	≤0.001	≤0.002	≤0.01	>0.01
16	阴离子表面活性剂/(mg/L)	不得检出	≤0.1	≤0.3	≤0.3	>0.3
17	耗氧量(COD_{Mn} 法,以 O_2 计)/(mg/L)	≤1.0	≤2.0	≤3.0	≤10.0	>10.0
18	氨氮(以 N 计)/(mg/L)	≤0.02	≤0.10	≤0.50	≤1.50	>1.50
19	硫化物/(mg/L)	≤0.005	≤0.01	≤0.02	≤0.10	>0.10
20	钠/(mg/L)	≤100	≤150	≤200	≤400	>400
微生物指标						
21	总大肠菌群/(MPN[b]/100 mL 或 CFU[c]/100 mL)	≤3.0	≤3.0	≤3.0	≤100	>100
22	菌落总数/(CFU/mL)	≤100	≤100	≤100	≤1 000	>1 000
毒理学指标						
23	亚硝酸盐(以 N 计)/(mg/L)	≤0.01	≤0.10	≤1.00	≤4.80	>4.80
24	硝酸盐(以 N 计)/(mg/L)	≤2.0	≤5.0	≤20.0	≤30.0	>30.0
25	氰化物/(mg/L)	≤0.001	≤0.01	≤0.05	≤0.1	>0.1
26	氟化物/(mg/L)	≤1.0	≤1.0	≤1.0	≤2.0	>2.0
27	碘化物/(mg/L)	≤0.04	≤0.04	≤0.08	≤0.50	>0.50
28	汞/(mg/L)	≤0.000 1	≤0.000 1	≤0.001	≤0.002	>0.002
29	砷/(mg/L)	≤0.001	≤0.001	≤0.01	≤0.05	>0.05
30	硒/(mg/L)	≤0.01	≤0.01	≤0.01	≤0.1	>0.1
31	镉/(mg/L)	≤0.000 1	≤0.001	≤0.005	≤0.01	>0.01

表 5-1(续)

序号	指标	Ⅰ类	Ⅱ类	Ⅲ类	Ⅳ类	Ⅴ类
32	铬(六价)/(mg/L)	≤0.005	≤0.01	≤0.05	≤0.10	>0.10
33	铅/(mg/L)	≤0.005	≤0.005	≤0.01	≤0.10	>0.10
34	三氯甲烷/(μg/L)	≤0.5	≤6	≤60	≤300	>300
35	四氯化碳/(μg/L)	≤0.5	≤0.5	≤2.0	≤50.0	>50.0
36	苯/(μg/L)	≤0.5	≤1.0	≤10.0	≤120	>120
37	甲苯/(μg/L)	≤0.5	≤140	≤700	≤1 400	>1 400
放射性指标[d]						
38	总 α 放射性/(Bq/L)	≤0.1	≤0.1	≤0.5	>0.5	>0.5
39	总 β 放射性/(Bq/L)	≤0.1	≤1.0	≤1.0	>1.0	>1.0

[a] NTU 为散射浊度单位。

[b] MPN 表示最可能数。

[c] CFU 表示菌落形成单位。当水样检出总大肠菌群时，应进一步检验大肠埃希氏菌或耐热大肠菌群；水样未检出总大肠菌群，不必检验大肠埃希氏菌或耐热大肠菌群。

[d] 放射性指标超过指导值，应进行核素分析和评价，判定能否饮用。

5.1.2 评价方法

5.1.2.1 单因子指数法(单因子评价、单项指数法)

以待评价水体的某项水质指标的实测值与评价标准的比值作为水质指数，从而依据指数大小进行评价。因该方法是对水质的单个指标作出分析，计算简便，可以直观地反映出水质中超标的项目。

$$I_d = C/C_d \tag{5-1}$$

式中，I_d为水体的单项水质指数；C 为待评价水体的某项水质指标实测值；C_d为水质标准中相应指标的标准值。当 $I_d<1$ 时，说明该项水质实测值满足相应级别的水质标准，单项水质指数值 I_d越低，水质越好。

在按指标值所在的限值范围确定地下水质量类别时，指标限值相同时，从优不从劣。比如：挥发性酚类Ⅰ、Ⅱ类限值均为 0.001 mg/L，若质量分析结果为 0.001 mg/L 时，应定为Ⅰ类，不定为Ⅱ类。

根据单因子指数法进行地下水质量综合评价时，按单指标评价结果最差的类别确定，并指出最差类别的指标。比如：某地下水样氯化物含量为 400 mg/L，四氯乙烯含量为 350 μg/L，这两个指标属Ⅴ类，其余指标均低于Ⅴ类，则该地下水质量综合类别定为Ⅴ类，Ⅴ类指标为氯离子和四氯乙烯。

5.1.2.2 多因子指数法(综合评价、综合指数法)

以待评价水体的各项水质指标的实测值与评价标准中相应的标准值的比值之和作为评价指数，指数越低，水质越好；反之，则差。

$$I_z = \frac{1}{n}\sum_{i=1}^{n}\frac{C_i}{C_{0i}} \tag{5-2}$$

式中，I_z为综合水质指数；C_i 为待评价水体的某项水质指标实测值；C_{0i} 为水质标准中相应指标的标准值。

综合指数法较单项指数法更为严谨，因考虑到了水质分级以及水体质量变化的不确定性，故而评价结果更接近实际，能更好地反映出水体质量的本质。

5.1.2.3　*内梅罗指数法*

该方法的具体步骤如下：

(1) 首先进行各单项组分评价，依据《地下水质量标准》(GB/T 14848—2017)，划分单项组分所属质量类别，对各类别按表 5-2 分别确定单项组分评价分值 F_i。

表 5-2　地下水质量评分表

类别	Ⅰ类	Ⅱ类	Ⅲ类	Ⅳ类	Ⅴ类
F_i	0	1	3	6	10

(2) 选用内梅罗指数计算综合评分值 F：

$$F = [(F_{\max}^2 + \overline{F}^2)/2]^{1/2} \quad (5\text{-}3)$$

$$\overline{F} = \frac{1}{n}\sum_{i=1}^{n} F_i \quad (5\text{-}4)$$

式中，$\overline{F}$ 为各单项组分评分值 F 的平均值；$F_{\max}$ 为单项组分评分值 F_i 的最大值；n 为项数。

(3) 根据 F 值，按表 5-3 规定划分地下水质量级别，将细菌学指标评价类别注在级别之后。

表 5-3　地下水质量级别划分标准

级别	优(Ⅰ)	良好(Ⅱ)	较好(Ⅲ)	较差(Ⅳ)	极差(Ⅴ)
F	<0.80	0.80～2.50	2.50～4.25	4.25～7.20	>7.20

注：本表来源于《地下水质量标准》(GB/T 14848—2017)。

内梅罗指数法的优点：

(1) 数学过程简捷，运算方便。

(2) 物理概念清晰，对于一个评价区，只要计算出它的综合指数，再对照相应的分级标准，便可知道该评价区某环境要素的综合环境质量状况，便于决策者做出综合决策。

内梅罗指数法存在的问题：

(1) 过于突出最大污染因子：由于公式考虑最大污染($F_{\max}$)因素，使参评项目中即使只有一项指标 F_i 值偏高，而其他指标 F_i 值较低，也会使综合评分值偏高。

(2) 未考虑权重因素：此法将各项污染因子等同对待，任何一项污染因子 F_i 值偏高都会使综合评分值偏高，而事实上如考虑不同污染因子对环境的毒性、降解难易及去除难易程度等因素，那么同处一个质量级别的不同污染因子的 F_i 取值应区别对待，即增加权重因素。

5.2　地表水水质评价

5.2.1　地表水水质分类及标准

依据地表水水域环境功能和保护目标，按功能从高到低依次划分为五类：

Ⅰ类：主要适用于源头水、国家自然保护区。

Ⅱ类：主要适用于集中式生活饮用水地表水源地一级保护区、珍稀水生生物栖息地、鱼虾类产卵场、仔稚幼鱼的索饵场等。

Ⅲ类：主要适用于集中式生活饮用水地表水源地二级保护区、鱼虾类越冬场、洄游通道、水产养殖区等渔业水域及游泳区。

Ⅳ类：主要适用于一般工业用水区及人体非直接接触的娱乐用水区。

Ⅴ类：主要适用于农业用水区及一般景观要求水域。

《地表水环境质量标准》(GB 3838—2002)中规定的地表水环境质量标准基本项目标准限值见表5-4，集中式生活饮用水地表水源地补充项目标准限值和特定项目标准限值见表5-5和表5-6。

表5-4　地表水环境质量标准基本项目标准限值　　单位：mg/L

序号	项目	Ⅰ类	Ⅱ类	Ⅲ类	Ⅳ类	Ⅴ类
1	水温/℃	人为造成的环境水温变化应限制在： 周平均最大温升≤1，周平均最大温降≤2				
2	pH值(无量纲)	6～9				
3	溶解氧≥	饱和率90% (或7.5)	6	5	3	2
4	高锰酸盐指数≤	2	4	6	10	15
5	化学需氧量(COD)≤	15	15	20	30	40
6	五日生化需氧量(BOD_5)≤	3	3	4	6	10
7	氨氮(NH_3-N)≤	0.15	0.5	1.0	1.5	2.0
8	总磷(以P计)≤	0.02 (湖、库0.01)	0.1 (湖、库0.025)	0.2 (湖、库0.05)	0.3 (湖、库0.1)	0.4 (湖、库0.2)
9	总氮(湖、库，以N计)≤	0.2	0.5	1.0	1.5	2.0
10	铜≤	0.01	1.0	1.0	1.0	1.0
11	锌≤	0.05	1.0	1.0	2.0	2.0
12	氟化物(以F^-计)≤	1.0	1.0	1.0	1.5	1.5
13	硒≤	0.01	0.01	0.01	0.02	0.02
14	砷≤	0.05	0.05	0.05	0.1	0.1
15	汞≤	0.000 05	0.000 05	0.000 1	0.001	0.001
16	镉≤	0.001	0.005	0.005	0.005	0.01
17	铬(六价)≤	0.01	0.05	0.05	0.05	0.1
18	铅≤	0.01	0.01	0.05	0.05	0.1
19	氰化物≤	0.005	0.05	0.2	0.2	0.2
20	挥发酚≤	0.002	0.002	0.005	0.01	0.1
21	石油类≤	0.05	0.05	0.05	0.5	1.0
22	阴离子表面活性剂≤	0.2	0.2	0.2	0.3	0.3
23	硫化物≤	0.05	0.1	0.2	0.5	1.0
24	粪大肠菌群/(个/L)≤	200	2 000	10 000	20 000	40 000

表 5-5 集中式生活饮用水地表水源地补充项目标准限值 单位：mg/L

序号	项目	标准值
1	硫酸盐(以 SO_4^{2-} 计)	250
2	氯化物(以 Cl^- 计)	250
3	硝酸盐(以 N 计)	10
4	铁	0.3
5	锰	0.1

表 5-6 集中式生活饮用水地表水源地特定项目标准限值 单位：mg/L

序号	项目	标准值	序号	项目	标准值	序号	项目	标准值
1	三氯甲烷	0.06	28	四氯苯③	0.02	55	对硫磷	0.003
2	四氯化碳	0.002	29	六氯苯	0.05	56	甲基对硫磷	0.002
3	三溴甲烷	0.1	30	硝基苯	0.017	57	马拉硫磷	0.05
4	二氯甲烷	0.02	31	二硝基苯④	0.5	58	乐果	0.08
5	1,2-二氯乙烷	0.03	32	2,4-二硝基甲苯	0.000 3	59	敌敌畏	0.05
6	环氧氯丙烷	0.02	33	2,4,6-三硝基甲苯	0.5	60	敌百虫	0.05
7	氯乙烯	0.005	34	硝基氯苯⑤	0.05	61	内吸磷	0.03
8	1,1-二氯乙烯	0.03	35	2,4-二硝基氯苯	0.5	62	百菌清	0.01
9	1,2-二氯乙烯	0.05	36	2,4-二氯苯酚	0.093	63	甲萘威	0.05
10	三氯乙烯	0.07	37	2,4,6-三氯苯酚	0.2	64	溴氰菊酯	0.02
11	四氯乙烯	0.04	38	五氯酚	0.009	65	阿特拉津	0.003
12	氯丁二烯	0.002	39	苯胺	0.1	66	苯并(a)芘	2.8×10^{-6}
13	六氯丁二烯	0.000 6	40	联苯胺	0.000 2	67	甲基汞	1.0×10^{-6}
14	苯乙烯	0.02	41	丙烯酰胺	0.000 5	68	多氯联苯⑥	2.0×10^{-5}
15	甲醛	0.9	42	丙烯腈	0.1	69	微囊藻毒素-LR	0.001
16	乙醛	0.05	43	邻苯二甲酸二丁酯	0.003	70	黄磷	0.003
17	丙烯醛	0.1	44	邻苯二甲酸二(2-乙基己基)酯	0.008	71	钼	0.07
18	三氯乙醛	0.01	45	水合肼	0.01	72	钴	1.0
19	苯	0.01	46	四乙基铅	0.000 1	73	铍	0.002
20	甲苯	0.7	47	吡啶	0.2	74	硼	0.5
21	乙苯	0.3	48	松节油	0.2	75	锑	0.005
22	二甲苯①	0.5	49	苦味酸	0.5	76	镍	0.02
23	异丙苯	0.25	50	丁基黄原酸	0.005	77	钡	0.7
24	氯苯	0.3	51	活性氯	0.01	78	钒	0.05
25	1,2-二氯苯	1.0	52	滴滴涕	0.001	79	钛	0.1
26	1,4-二氯苯	0.3	53	林丹	0.002	80	铊	0.000 1
27	三氯苯②	0.02	54	环氧七氯	0.000 2			

注：① 二甲苯：指对-二甲苯、间-二甲苯、邻-二甲苯。

② 三氯苯：指 1,2,3-三氯苯、1,2,4-三氯苯、1,3,5-三氯苯。

③ 四氯苯：指 1,2,3,4-四氯苯、1,2,3,5-四氯苯、1,2,4,5-四氯苯。

④ 二硝基苯：指对-二硝基苯、间-二硝基苯、邻-二硝基苯。

⑤ 硝基氯苯：指对-硝基氯苯、间-硝基氯苯、邻-硝基氯苯。

⑥ 多氯联苯：指 PCB-1016、PCB-1221、PCB-1232、PCB-1242、PCB-1248、PCB-1254、PCB-1260。

5.2.2 水质评价指标

地表水水质评价指标为《地表水环境质量标准》(GB 3838—2002)中规定的除水温、总氮、粪大肠菌群以外的21项指标。湖泊、水库营养状态评价指标为叶绿素a(chla)、总磷(TP)、总氮(TN)、透明度(SD)和高锰酸盐指数(COD_{Mn})共5项。

5.2.3 水质评价

地表水的环境质量评价可分为河流水质评价和湖泊、水库水质评价，其中河流水质评价又分为断面水质评价和河流、流域(水系)水质评价。

5.2.3.1 断面水质评价

每个河流断面的水质类别评价主要采取单因子评价方法，即根据评价时段内该断面的水质评价项目中类别最高的一项来确定。描述断面的水质类别时，使用“符合”或“劣于”等词语。

溶解氧DO的标准指数计算公式为：

$$S_{DO,j} = DO_s/DO_j \qquad DO_j \leqslant DO_f \tag{5-5}$$

$$S_{DO,j} = \frac{|DO_f - DO_j|}{DO_f - DO_s} \qquad DO_j > DO_f \tag{5-6}$$

式中，$S_{DO,j}$为溶解氧的标准指数，大于1表明该水质因子超标。DO_j为溶解氧在j点的实测统计代表值，mg/L。DO_s为溶解氧的水质评价标准限值，mg/L。DO_f为饱和溶解氧浓度，mg/L，对于河流，$DO_f=468/(31.6+T)$；对于盐度比较高的湖泊、水系及入海河口、近岸海域，$DO_f=(491-2.65S)/(33.5+T)$。$S$为实用盐度符号，量纲为1。$T$为水温，℃。

pH值的指数计算公式为：

$$S_{pH,j} = \frac{7.0 - pH_j}{7.0 - pH_{sd}} \qquad pH_j \leqslant 7.0 \tag{5-7}$$

$$S_{pH,j} = \frac{pH_j - 7.0}{pH_{su} - 7.0} \qquad pH_j > 7.0 \tag{5-8}$$

式中，$S_{pH,j}$为pH值的指数，大于1表明该水质因子超标；pH_j为pH值实测统计代表值；pH_{sd}为评价标准中pH值的下限值；pH_{su}为评价标准中pH值的上限值。

当城市河段设置有2个以上监测断面时(如：对照断面、控制断面和消减断面)，确定河段的水质类别采用平均水质类别法，即将河段各个断面的各项污染物浓度分别进行算术平均，其中污染最重的项目所达到的水质类别即为该河段的水质类别。

断面水质类别与水质定性评价分级的对应关系见表5-7。

表5-7 断面水质定性评价

水质类别	水质状况	代表颜色
Ⅰ～Ⅱ类水质	优	蓝色
Ⅲ类水质	良好	绿色
Ⅳ类水质	轻度污染	黄色
Ⅴ类水质	中度污染	橙色
劣Ⅴ类水质	重度污染	红色

注：本表来源于《地表水环境质量评价办法(试行)》。

5.2.3.2 河流、流域(水系)水质评价

当河流、流域(水系)的断面总数少于5个时,计算河流、流域(水系)所有断面各项评价指标浓度的算术平均值,然后按照上述"断面水质评价"方法评价,并按表5-7指出每个断面的水质类别和水质状况。

当河流、流域(水系)的断面总数在5个(含5个)以上时,采用断面水质类别比例法,即根据评价河流、流域(水系)中各水质类别的断面数占河流、流域(水系)所有评价断面总数的百分比来评价其水质状况。

河流、流域(水系)整体水质状况按照断面类别比例计算出各水质类别所占的百分比进行评价,不作平均水质类别的评价。水质类别比例与水质定性评价分级的对应关系见表5-8。

表5-8 河流、流域(水系)水质定性评价分级

水质类别比例	水质状况	代表颜色
Ⅰ～Ⅲ类水质比例≥90%	优	蓝色
75%≤Ⅰ～Ⅲ类水质比例<90%	良好	绿色
Ⅰ～Ⅲ类水质比例<75%,且劣Ⅴ类比例<20%	轻度污染	黄色
Ⅰ～Ⅲ类水质比例<75%,且20%≤劣Ⅴ类比例<40%	中度污染	橙色
Ⅰ～Ⅲ类水质比例<75%,且劣Ⅴ类比例≥40%	重度污染	红色

注:本表来源于《地表水环境质量评价办法(试行)》。

当河流、水系的某一类水质断面比例大于或等于60%时,则称河流、水系以该类水质为主。当不满足上述条件时,若Ⅰ～Ⅲ类或Ⅳ～Ⅴ类水质断面比例大于或等于70%,则称河流、水系以Ⅰ～Ⅲ类水质或Ⅳ～Ⅴ类水质为主。除此之外,不指出主要水质类别。

5.2.3.3 湖泊、水库水质评价

当湖泊、水库进行单个点位的水质评价或存在有多个监测点位时,运用该点数据或多个点位各项评价指标浓度的算术平均值,按照"断面水质评价"方法进行评价。

当进行多次监测结果的水质评价时,先按时间序列计算各点位各项评价指标浓度的算术平均值,再按空间序列计算所有点位各项评价指标浓度的算术平均值,然后按照"断面水质评价"方法进行评价。

河流型水库按照河流水质评价方法进行。

对于大型湖泊、水库,亦可分不同的湖(库)区进行水质评价。

5.2.4 主要污染指标的确定

在评价时段内,当断面、河流、流域(水系)水质为"优"或"良好"时,不评价主要污染项目。

5.2.4.1 断面主要污染指标的确定方法

水质评价中超过Ⅲ类标准的项目时,先按照不同指标对应水质类别的优劣,选择水质类别最差的前三项指标作为主要污染指标。当不同指标对应的水质类别相同时计算超标倍数,将超标指标按其超标倍数大小排列,取超标倍数最大的前三项为主要污染指标。当氰化物或铅、铬等重金属超标时,优先作为主要污染指标。

确定了主要污染项目时，应在项目后标注浓度最大值超过Ⅲ类水质标准的倍数，即最大超标倍数，如高锰酸盐指数(1.2)。对于水温、pH 值和溶解氧等项目不计算超标倍数。

$$\text{超标倍数} = \frac{\text{某指标的浓度值}}{\text{该指标的 Ⅲ 类水质标准}} - 1 \tag{5-9}$$

5.2.4.2　河流、流域(水系)主要污染指标的确定方法

将水质超过Ⅲ类标准的指标按其断面超标率大小排列，一般取断面超标率最大的前三项为主要污染指标。对于断面数少于 5 个的河流、流域(水系)，按“断面主要污染指标的确定方法”确定每个断面的主要污染指标。

$$\text{断面超标率} = \frac{\text{某评价指标超过 Ⅲ 类标准的断面(点位)个数}}{\text{断面(点位)总数}} \times 100\% \tag{5-10}$$

5.2.5　营养状态评价

湖泊、水库的富营养化程度评价采用营养状态指数法(EI)和综合营养状态指数法$\left[\mathrm{TLI}\left(\sum\right)\right]$。营养状态评价项目应包括叶绿素 a(chla)、总磷(TP)、总氮(TN)、高锰酸盐指数(COD_{Mn})、透明度(SD)，其中叶绿素 a 为必评项目。

5.2.5.1　营养状态指数法

先采用线性插值法将水质项目浓度值转换为赋分值，然后按下式计算营养状态指数(EI)，并参照表 5-9 确定营养状态分级：

$$\mathrm{EI} = \sum_{n=1}^{N} E_n / N \tag{5-11}$$

式中，EI 为营养状态指数；E_n 为评价项目赋分值；N 为评价项目的个数。

湖泊、水库的营养状态评价标准及分级方法见表 5-9。

表 5-9　湖泊、水库营养状态评价标准及分级方法

营养状态分级		评价项目赋分值(E_n)	叶绿素 a /(mg/m^3)	总磷 /(mg/L)	总氮 /(mg/L)	高锰酸盐指数 /(mg/L)	透明度 /m
贫营养(0≤EI≤20)		10	0.000 5	0.001	0.020	0.15	10
		20	0.001 0	0.004	0.050	0.4	5.0
中营养(20＜EI≤50)		30	0.002 0	0.010	0.10	1.0	3.0
		40	0.004 0	0.025	0.30	2.0	1.5
		50	0.010	0.050	0.50	4.0	1.0
富营养	轻度富营养(50＜EI≤60)	60	0.026	0.10	1.0	8.0	0.5
	中度富营养(60＜EI≤80)	70	0.064	0.20	2.0	10	0.4
		80	0.16	0.60	6.0	25	0.3
	重度富营养(80＜EI≤100)	90	0.40	0.90	9.0	40	0.2
		100	1.0	1.3	16.0	60	0.12

注：本表来源于《地表水资源质量评价技术规程》(SL 395—2007)。

5.2.5.2　综合营养状态指数法

综合营养状态指数计算公式如下：

$$TLI(\sum)=\sum_{j=1}^{m}W_jTLI(j) \tag{5-12}$$

式中，$TLI(\sum)$ 为综合营养状态指数；W_j 为第 j 种参数的营养状态指数的相关权重；$TLI(j)$ 代表第 j 种参数的营养状态指数。

以叶绿素 a(chla)作为基准参数，则第 j 种参数的归一化的相关权重计算公式为：

$$W_j=\frac{r_{ij}^2}{\sum_{j=1}^{m}r_{ij}^2} \tag{5-13}$$

式中，r_{ij} 为第 j 种参数与基准参数 chla 的相关系数；m 为评级参数的个数。

中国湖泊、水库的 chla 与其他参数之间的相关关系见表 5-10。

表 5-10　中国湖泊、水库的 chla 与其他参数之间的相关关系

参数	chla	TP	TN	COD_{Mn}	SD
r_{ij}	1	0.84	0.82	0.83	−0.83
r_{ij}^2	1	0.705 6	0.672 4	0.688 9	0.688 9

注：本表来源于《地表水环境质量评价办法(试行)》。

故根据计算结果，采用 0～100 的一系列连续数字对湖泊、水库的营养状态进行分级：

贫营养：$TLI(\sum)<30$

中营养：$30\leqslant TLI(\sum)\leqslant 50$

富营养：

轻度富营养：$50< TLI(\sum)\leqslant 60$

中度富营养：$60< TLI(\sum)\leqslant 70$

重度富营养：$TLI(\sum)>70$

6 水资源开发利用评价

水资源开发利用现状及其影响评价是对过去水利建设成就与经验的总结，是进行水资源的综合开发利用和保护规划的基础性前期工作，其目的是增强流域或区域水资源规划时的全局观念和宏观指导思想，是水资源评价工作的重要组成部分。

6.1 水资源开发利用现状分析

6.1.1 水资源开发利用现状分析的任务

弄清区域或流域的供水、用水状况和发展前景，从而提出保证水资源安全供应的方案和措施，确保水资源供需平衡。

水资源开发利用现状分析包括两方面的内容：一是现状水资源开发分析；二是现状水资源利用分析。现状水资源开发分析，是分析现状水平年情况下，水源工程在流域开发中的作用，包括社会经济及供水基础设施现状、供用水量的现状、现状水资源开发利用程度等内容。这一工作需要调查分析水利工程的建设发展过程、使用情况和存在的问题；分析其供水能力、供水对象和工程之间的相互影响。现状水资源利用分析，是分析现状水平年情况下，流域用水结构、用水部门的发展过程和目前的用水效率、节水潜力、今后的发展变化趋势及水资源开发利用对环境的影响评价。

水资源开发现状分析和水资源利用现状分析既有联系又有区别：水资源开发现状分析侧重于对流域开发工程的分析，主要研究流域水资源的开发程度和进一步开发的潜力；水资源利用现状分析侧重于对流域内用水效率的分析，主要研究流域水资源的利用效率。二者相辅相成，有时很难把二者的内容严格区分开。

6.1.2 水资源开发利用现状分析的内容

水资源开发利用现状分析的内容主要包括：各分区用水指标及用水水平分析；各分区现状供需状况分析；各分区水资源开发利用程度分析；水资源开发利用对环境影响的调查评价。

6.1.2.1 用水指标

在社会经济利用和用水量资料调查统计的基础上，对近10年各分区农业用水、工业用水、生活用水和综合用水指标进行分析计算，以反映各分区用水效率和用水节水水平。

(1) 综合用水指标。

综合用水指标包括人均用水量，指总用水量与总用水人口之比，单位为 m^3/(人·a)；万元GDP用水量，指分区年用水量与年GDP值之比，单位为 m^3/万元，采用可比价计算；城市人均用水量，指城市用水量与用水人口之比，单位为 m^3/(人·a)。

(2) 农业用水指标。

农业用水指标为亩均用水量(或称毛、净灌溉定额,单位为 m^3/亩),分别按农田灌溉、林果灌溉、草场灌溉和鱼塘补水计算。其中,农田灌溉指标还应细化为水田、水浇地和菜田。有条件的市(县)可分析主要作物的用水指标。

(3) 工业用水指标。

工业用水指标用万元工业产值取水量(指工业取用水量与总产值之比,单位为 m^3/万元)、万元工业增加值取水量(指工业取用水量与增加值之比,单位为 m^3/万元)和水重复利用率(指工业重复用水量与总用水量之比,单位为%)表示,按火电工业、高耗水工业、一般工业和农村工业分别计算,产值采用可比价。有条件的市(县)可分析各行业用水节水指标。

(4) 生活用水指标。

生活用水指标为人均用水量,指生活用水量与用水人口之比,单位为 L/(人·d),按城镇生活用水和农村生活用水分别计算。其中,城镇生活用水分居民住宅和公共设施用水;农村生活用水分农村居民用水和牲畜用水,应细化后分别计算。

6.1.2.2 用水水平分析

在计算上述各项用水指标的基础上,分析其变化趋势和区域分布特性,并结合各地GDP、工业产值增长速度,分析总用水量和工业用水弹性系数(指工业用水增长率与工业产值增长率之比),将上述分析计算结果与上一级区域平均水平比较,评价其现状用水水平。

调查统计各行业现状水价,并按居民生活、工业、服务业等不同部门的水量加权平均,计算区域综合水价。

6.1.2.3 现状供需状况分析

以基准年社会经济指标和现有供水工程设施为依据,进行 $P=50\%$ 和 $P=75\%$ 两种保证率水资源供需分析。

6.1.2.3.1 可供水量计算

现状可供水量指在经济合理、技术可行的条件下,结合当地需水及下游用水需求,通过现有工程措施可以利用的河道外最大水量,不包括地下水超采量和未经处理的废污水利用量。

地表水工程可供水量按 $P=50\%$ 和 $P=75\%$ 两种保证率,在最小流域分区内自上而下、先支流后干流逐级调算。同时,考虑需水要求,计算不同保证率工程设施供水量。对于具有不完全多年调节性能的大中型水库,采用时历法调节计算,其他的大中型水库按典型年法计算;小型水库和塘坝采用复蓄系数法计算;引提水工程根据设计能力、需水要求和水源条件等进行分析计算。

地下水可供水量按浅层淡水和微咸水分别计算,以最新系列计算的现状条件下的可开采量为上限,结合各分区现状地下水工程状况确定。

外流域调水工程可供水量按有关分水协议确定。污水处理回用等工程供水量按现状实际利用量计算。

6.1.2.3.2 需水量计算

基准年需水量包括工业、生活、农业等河道外需水量及必要的河道内需水量。工业(含电力、高耗水工业、一般工业和农村工业)及生活(含城镇生活、农村人畜和城市环境改善)需水量均采用现状年实际用水量。对定额不合理的,做必要调整后,重新计算其合理需水量。

农业需水量计算中,各分区灌溉面积、作物种植结构和灌溉水利用系数均按现状实际情况考虑，不同保证率（$P=50\%$和$P=75\%$）农业灌溉定额原则上采用经济灌溉定额，对明显不合理的，可根据近几年实际灌溉情况适当调整。

河道内需水分为生产用水和生态环境用水两类，前者指水力发电和航运用水等，后者包括冲沙、洗盐、防凌、稀释净化、保护湖泊湿地等方面用水和维护生态环境所需的基本径流与入海水量。鉴于同一河道内各项用水可以重复利用，应在分析重点河段各主要用水项的月水量分配过程的基础上，取外包线作为该河段内各项用水综合要求。在北方缺水地区，往往仅考虑现有保护湖泊湿地方面用水量。

林牧渔业需水量可根据现状实际用水量确定。

6.1.2.3.3 现状供需分析

按流域水系自上而下、先支流后干流逐级对各分区进行供需分析（$P=50\%$和$P=75\%$两种保证率），计算相应余缺水量、供需比（分区供水量与需水量之比）和缺水率（分区缺水量与需水量之比）。根据前述计算结果，对各分区缺水情况分部门（包括工业、生活、农业、环境）进行评价，分析其缺水原因、缺水性质、缺水范围和缺水程度，并根据缺水率绘制现状缺水分布图。当缺水率不大于10%时，为轻微缺水；缺水率在10%～30%之间时，为缺水；缺水率不小于30%时，为严重缺水。

6.1.2.4 水资源开发利用程度分析

采用近10年同步系列的水资源量和供水量统计成果，对本市（县）各分区地表水开发率、浅层地下水开采率及水资源总量利用消耗进行分析评价。鉴于各分区间水量交换非常复杂，仅按行政分区进行计算即可。分析中采用的地表水资源量、平原区地下水补给量、水资源总量、地表水供水量、浅层地下水开采量、用水消耗量等数据，均为近10年的平均值，这样可忽略蓄水变量的影响。

6.1.2.4.1 地表水开发利用程度分析

地表水开发利用率指地表水资源供水量占地表水资源量的百分比。按地表水资源开发利用率指标，结合北方地区实际情况，将地表水资源开发利用状况划分为三类：地表水资源开发利用率大于60%为地表水资源高度利用区；地表水资源开发利用率在20%～60%之间为地表水资源中度利用区；地表水资源开发利用率小于20%为地表水资源低度利用区。

为真实反映各分区当地地表水资源的开发利用情况，在计算供水量时应扣除跨流域（或跨地区）的调水和过境水的利用量。根据分区地表水开发利用率指标，同时考虑区内有无兴建工程条件及开发效益情况，评价其开发利用情况。

6.1.2.4.2 地下水开发利用程度分析

着重对浅层地下水开发利用程度进行分析。浅层地下水开采率指实际开采量占总补给量的百分比。在统计开采量时应扣除深层承压水开采量，在发生浅层漏斗的地区，还要扣除统计期内的浅层水累计超采量。根据分区地下水开采率指标，结合地下水水位动态观测资料和水质监测资料，同时考虑地下水赋存条件及与环境的关系，评价其开发利用状况。

6.1.2.4.3 水资源总量开发利用程度分析

水资源总量开发利用消耗率指用水消耗总量占水资源总量的百分比。在计算各分区内的用水消耗量时应扣除调水、过境水、深层水开采和地下水超采的影响因素。如：从某分区调出水量而不能回归到本区的，应将调出水量全部作为本区的消耗量；由调入水量、入境水量、深层承压水开采量和地下水超采量满足的用水消耗量应全部扣除。根据上述计算的分区水资源总量消耗利用率指标，评价其开发利用状况。

6.1.2.5 水资源开发利用对环境影响的调查评价

重点调查因地表水利用不当造成的河道断流、河床变化、湖库萎缩、次生盐碱化等；地下水超采造成的地下水漏斗、地面沉降、地面塌陷、地裂缝、海水入侵、咸水入侵和土地沙化等；水体污染等对生态环境的影响。各市(县)应针对管辖范围内存在的主要环境问题，从形成原因、空间分布、危害情况及发展趋势等方面进行调查分析，提出防治和改善措施。

6.2 需水预测

需水预测是在充分考虑资源约束和节约用水等因素的条件下，按生活、生产和生态用水三类口径，区分城镇和农村、河道内与河道外、高用水与一般用水行业，分别进行各规划水平年毛需水量与净需水量的预测。需水预测时需要考虑市场经济条件下对水需求的抑制，充分研究节水发展及其对需水的抑制效果。需水预测是一个动态预测过程，与节约用水及水资源配置不断循环反馈。需水量的变化与经济发展速度、国民经济结构、工农业生产布局、城乡建设规模等诸多因素有关。科学的需水预测是水资源规划和供水工程建设的重要依据。

6.2.1 需水预测的原则和分类

6.2.1.1 需水预测的原则

需水预测应以各地不同水平年的社会经济发展指标为依据，有条件时应以投入产出表为基础建立宏观经济模型，要加强对预测方法的研究，从人口与经济——驱动需水增长的两大内因入手，结合具体的水资源条件和水工程条件，并结合过去20年来各部门需水增长的实际过程，分析其发展趋势，采用多种方法进行计算，并论证所采用的指标和数据的合理性。

需水预测主要分析工业、农业、生活和其他部门的需水要求。在需水预测中，既要考虑科技进步对未来用水的影响，又要考虑水资源紧缺对社会经济发展的制约作用，使预测合乎当地实际发展情况。需水预测要着重分析评价各项用水定额的变化特点、用水结构和用水量变化趋势的合理性，并分析计算各耗水量指标。

预测中应遵循以下几条主要原则：

(1) 以各规划水平年社会经济发展指标为依据，贯彻可持续发展的原则，统筹兼顾社会、经济、生态、环境等各部门发展对水的需求。

(2) 考虑水资源紧缺对需水量增长的制约作用，全面贯彻节水方针，分析研究节水措施的采用和推广等对需水的影响。

(3) 考虑市场经济对需水增长的作用和科技进步对未来需水的影响，分析研究工业结构变化、生产工艺改革和农业种植结构变化等因素对需水的影响。

(4) 重视现状基础资料调查，结合历史情况进行规律分析和合理的趋势外延，使需水预测符合各区域特点和用水习惯。

6.2.1.2 需水预测的分类

需水分为生活、工业、农业、生态四个Ⅰ级类，每个Ⅰ级类再分成若干Ⅱ级类、Ⅲ级类和Ⅳ级类，如表6-1所列。

表 6-1　需水预测分类

Ⅰ级分类	Ⅱ级分类	Ⅲ级分类	Ⅳ级分类
生活需水	城镇生活	居民家庭	市政、建筑、交通、餐饮、服务、机关
	农村生活	公共设施	
工业需水	城镇工业	一般工业	采掘；食品、纺织、造纸、木材；化工、石化、机械、冶金、建材、其他
		电力工业	火电循环冷却、火电贯流冷却；核电
		村以上乡镇企业	县、乡两级所属乡镇企业
	农村工业	村属乡镇企业	村以下乡镇企业、个体企业及联户企业
农业需水	种植业	大田	棉花、冬小麦、夏玉米、春小麦、甜菜
		水田	水稻
		菜田	蔬菜、油料、小品种经济作物
	畜牧业	畜牧用水	以商品生产为目的的一切牲畜用水
		草场用水	饲草饲料基地灌溉、天然草场灌溉
	林果业	用材林、薪炭林	除天然林以外的一切经济林灌溉用水
		果园	
	渔业	鱼塘	鱼塘补水及换水
生态需水	城镇生态		公园绿化、河湖补水
	河谷生态		靠河流潜流获得水分的天然植被
	河湖生态		为维持一定的河长或湖面面积的补水量
	绿洲生态		市地下水潜水蒸发获得水分的天然植被
	防护林带		阳边、路边、屋边、渠边防护林

根据上述分类，可较为容易地合并有关项，将需求分为河道内、河道外两类需水。河道内需水为特定断面的多年平均水量。水力发电、航运、冲淤、保港、湖泊、洼淀、湿地、入海等各项用水均会影响河道内需水。河道外需水应进一步区分社会经济需水和人工生态系统需水。

社会经济需水按生活、工业、农业三部门划分。生活需水包括城镇生活与农村生活两项。工业需水包括电力工业（不包含水电）与一般工业两项。农业需水包括农田灌溉与林牧渔业两项。

城镇生活需水由居民家庭和公共用水两项组成，其中公共用水综合考虑建筑、交通运输、商业饮食、服务业用水。城镇商品菜田需水列入农田灌溉项下，城镇绿化与城镇河湖环境补水列入生态环境需水项下。农村生活需水由农民家庭、家养禽畜两项构成，其中以商品生产为目的且有一定规模的养殖业需水列入林牧渔业需水项下。

电力工业需水特指火电站与核电站的需水。一般工业需水指除电力工业需水外的一切工业需水。在一般工业需水中要区别城镇与农村。

农田灌溉需水包括水田、大田、菜田、园地四项需水。林牧渔业需水包括灌溉林地用水、灌溉草场用水、饲草饲料基地用水、专业饲养场牲畜用水、鱼塘补水。

人工生态系统需水,泛指通过水利工程补给的一切人工生态用水,包括城镇绿地与河湖用水、水土保持用水、防护林等人工生态林用水等。对于灌溉草场、饲草饲料基地、果园等生产性用水,一般列入牧业与林业用水之中。

生态环境用水目前尚无统一分类。一般在生态环境用水中首先区分人工生态与天然生态的用水。凡通过水利工程供水维持的生态划为人工生态,此外一律认为是天然生态。

6.2.2 需水预测方法和需水定额的确定

6.2.2.1 需水预测方法的确定

6.2.2.1.1 生活需水预测

生活需水包括城镇生活需水和农村生活需水。城镇生活需水量的预测分居民生活用水和公共用水。居民生活用水和公共用水预测均可按规划人口数和用水定额进行,公共用水预测中要考虑环境用水和流动人口变化对需水量的影响,用水定额应考虑生活水平的提高、供水设施的完善和节水措施的采取等影响,可在对典型地区调查、综合分析的基础上进行分析预测。生活需水量的预测方法一般有两种:趋势法和分类分析权重估算法。

城镇生活需水在一定范围之内,其增长速度是比较有规律的,因而可以用趋势外延方法推求未来需水量。此方法考虑的因素是用水人口和需水定额。用水人口以计划部门预测数为准,需水定额以现状用水调查数据为基础,分析历年变化情况,考虑不同水平年城镇居民生活水平的改善及提高程度,拟定其相应的需水定额。城镇生活需水总量计算公式如下:

$$W_{生} = P_0 \cdot (1+\varepsilon)^n \cdot K \qquad (6\text{-}1)$$

式中,$W_{生}$为某一水平年城镇生活需水总量,万 m^3;P_0为现状人口数,万人;ε为城镇人口年增长率,%;K为某一水平年拟定的城镇生活需水综合定额,m^3/a;n为预测年数,a。

农村生活需水中农村人口需水预测与城镇居民生活需水预测相似,也可采用定额法计算。农村牲畜需水(指不以商品生产为目的的牲畜用水)在预测过程中,按大小牲畜的数量与需水定额进行计算,或折算成标准羊后进行计算。

农村生活需水量预测应根据农村人口增长和家庭饲养牲畜发展指标为依据,采用定额法进行,要充分考虑农村生活水平和自来水普及率的逐步提高对用水定额的影响。

6.2.2.1.2 工业需水预测

工业需水预测可分电力行业、乡镇企业、其他行业三大部分进行。它与产品种类、生产规模、重复利用率、生产设备和工艺流程等因素有关,在有条件地区可采用对工业用水户逐个统计的方法,以获得可靠的数据作为预测的基础。在预测中应充分考虑产业结构调整和各种节水措施的采用对需水量的影响。各地可根据实际情况将行业细分,根据各行业的发展趋势采用不同的方法进行预测,如重复利用率提高法、趋势法和相关法等。

工业需水预测一般按行业万元产值用水量和重复利用率估算,用其他方法估算时,需加以说明。要充分考虑不同发展时期工业用水定额的变化情况、重复利用率的提高和有关节水措施,尤其是工业结构变化和生产工艺改革产生的节水效果,但要计算相应的配套投资。

工业需水预测涉及的因素较多。工业需水的变化与今后工业发展布局、产业结构的调整和生产工艺水平的改进等因素密切相关。虽然正确估算未来工业需水量还有诸多困难,但在研究工业用水的发展史、分析工业用水的现状和未来工业发展的趋势以及需水水平的变化之后,可从中得出某些变化的规律。工业需水量预测方法常用的有以下几种:趋势法、产值相关法(也称定额法)、重复利用率提高法、分块预测法(亦称分行业预测法)、系统工程法以及系统动力学法等。

在工业不断发展，用水量逐渐增加，而水源紧缺，出现供水不足的情况下，提高水的重复利用率是行之有效的措施。重复利用率提高法的计算公式为：

$$W_{2工} = X q_2 \tag{6-2}$$

$$q_2 = q_1 (1-\alpha)^n \frac{1-\eta_2}{1-\eta_1} \tag{6-3}$$

式中，$W_{2工}$ 为工业需水量，m^3；X 为工业产值，万元；η_1、η_2 为预测始、末年份的重复利用率，%；q_1、q_2 为预测始、末年份的万元产值需水量，m^3/万元；n 为预测年数；α 为工业技术进步系数（各行业不同，目前一般取值范围为 0.02～0.05）。

6.2.2.1.3　农业灌溉需水预测

农业灌溉需水包括农田灌溉需水和林、牧业灌溉需水，是通过蓄、引、提等工程设施输送给农田、林地、牧地，以满足作物需水要求的水量。农田灌溉需水受气候、地理条件的影响，在时空分布上变化较大，同时还与作物的品种和组成、灌溉方式和技术、管理水平、土壤、水源以及工程设施等具体条件有关，影响灌溉需水量的因素十分复杂。

农业灌溉需水预测可采用定额法。考虑到不同地区灌溉条件不同，农业灌溉需水预测应分区进行，各区需水量之和即为全区域农业需水量。灌溉需水量预测涉及三个关键指标：各种类型作物的净灌溉定额、灌溉水利用系数和灌溉面积。定额法的计算公式为：

$$W_{灌} = \sum_{i=1}^{l} \sum_{j=1}^{k} A_{ij} \cdot M_{ij} / \eta_i \tag{6-4}$$

式中，$W_{灌}$ 为全区总灌溉需水量，m^3；A_{ij} 为第 i 时段第 j 分区某种作物的灌溉面积，亩；M_{ij} 为第 i 时段第 j 分区某种作物的净灌溉定额，m^3/亩；η_i 为分区灌溉水利用系数。

农田灌溉需水预测是分水田、大田（水浇地）、菜田分别进行的。

在干旱缺水年份，应考虑有限灌溉、抗旱保产等措施。对于节水灌溉措施的效果及相应的投资应作专门说明。

农田灌溉需水预测是包括渠系输水损失在内的毛用水量，应根据规划的灌溉面积、合理的净灌溉定额和可能达到的渠系利用系数进行预测。根据当地实际情况，可以将井灌需水量与渠灌需水量分开进行预测。

6.2.2.1.4　林牧渔业需水预测

林业需水为经济林和果园用水；牧业需水为牲畜（以商品生产为目的）和灌溉草场用水；渔业需水为鱼塘的补水及换水。林牧业需水均按定额法进行计算。渔业需水量包括养殖水面蒸发、渗漏所消耗水量的补充量和换水量，计算公式为：

$$W_{渔} = \sum_{j=1}^{k} Q_j + \sum_{i=1}^{l} \omega_j \tag{6-5}$$

式中，$W_{渔}$ 为渔业需水量，m^3；Q_j 为次补充水量，m^3；ω_j 为次换水量，m^3；k、l 为补水和换水次数。

6.2.2.1.5　河道内需水预测

河道内需水是指通航、冲淤、水力发电、环境生态等需水，要根据水资源情况通过综合平衡确定河道内需水量。该部分水量应单独列出，不与其他需水量相加。

6.2.2.1.6　生态环境需水预测

生态环境需水指为美化生态环境、修复与建设或维持其质量不至于下降所需要的最小水量。在预测时，要考虑河道内和河道外两类生态环境需水口径分别进行预测。河道内生态环境用（需）水分为维持河道基本功能和河口生态环境的用水，河道外生态环境用水分为湖泊湿地生态环境与建设用水、城市景观用水等。城镇绿化用水、防护林草用水等以植被需水为主体的生态环境需水量，可以用灌溉定额的方式预测；湿地、城镇河湖补水等，以规划水面的水面蒸发量与降水量之差为其生态环境需水量（《全国水资源综合规划技术大纲》，水利部水利水电规划设计总院，2002）。

关于生态环境用水量的计算方法有两种，即直接计算法和间接计算法。

（1）直接计算法

直接计算法是以某一区域某一覆盖类型的面积乘以其生态环境用水定额，计算得到的水量即为生态环境用水量，计算公式为：

$$w = \sum w_i = \sum A_i \cdot r_i \tag{6-6}$$

式中，A_i 为覆盖类型 i 的面积，hm^2；r_i 为覆盖类型 i 的生态环境用水定额，m^3/hm^2。

该方法适用于基础工作较好的地区与覆盖类型。其计算的关键是要确定不同生态环境用水类型的生态环境用水定额。

考虑到有些干旱半干旱地区降水的作用并兼顾计算的通用性，把生态环境用水定额 r_i 定义为降水量接近零时的生态环境用水量 r_{i_0} 减去实际平均降水量 h，即：

$$r_i = r_{i_0} - h \tag{6-7}$$

式中，r_i 为某地区覆盖类型 i 的生态环境用水定额，m^3/hm^2；r_{i_0} 为降水量接近零时的覆盖类型 i 的生态环境用水（常值），m^3/hm^2；h 为某地区平均降水量，m^3/hm^2。

（2）间接计算法

对于某些地区天然植被生态环境用水的计算，如果以前工作积累较少，模型参数获取困难，可以考虑采用间接计算法。

间接计算法，是根据潜水蒸发量的计算，来间接计算生态环境用水量，即用某一植被类型在某一潜水水位的面积乘以该潜水水位下的潜水蒸发量与植被系数，得到的乘积即为生态环境用水。计算公式如下：

$$W = \sum W_i = \sum A_i W_{g_i} \cdot K \tag{6-8}$$

式中，W_{g_i} 为植被类型 i 在地下水水位某一埋深时的潜水蒸发量；K 为植被系数，即在其他条件相同的情况下，有植被地段的潜水蒸发量除以无植被地段的潜水蒸发量所得的比值。

这种计算方法主要适用于干旱区植被生存主要依赖于地下水的情况。

6.2.2.1.7 其他预测

各规划水平年的耗水量、回归水量、工业及城市生活废污水排放量的预测，可在基准年统计分析的基础上，根据各部门需用水的变化情况进行分析调整，有条件的地区应进行具体的分析计算。在预测中要分析预测回归水的排放和废污水的水质情况，对超过排放标准的应提出合理的治理措施和解决方案。

6.2.2.2 需水定额的确定

以水资源利用二级区和行政二级区为单元，对农业与农村综合用水定额、工业综合用水定额、城镇居民生活综合用水定额以及生态环境综合用水定额分别进行独立调查与核定。

综合用水定额的核定必须充分考虑科技发展的影响，建立节水型农业、节水型工业、节水型城市，最终以建立节水型社会为目标。要充分利用已有的科研成果，对用水定额核定成果进行科学论证。要综合分析节水途径、方式和潜力，并对节水投资认真调查、分析和研究。

6.2.2.2.1 建立用水定额

用水定额是水资源需求管理的基础，直接反映出水资源的利用效率。用水定额在区域上分为城镇与农村两项。在用水大类上分为生活、工业、农业、生态四项，在工业用水中进一步按间接冷却水、工艺用水、锅炉用水分类，并分行业进行统计。间接冷却水区分火电与核电用水，工艺用水区分产品耗水、洗涤用水、直接冷却水、其他工艺用水。

为加强水资源管理，在用水调查中应包括城镇水资源供水总量与原水水质，分部门的供水量、取水量、用水量、耗水量、污水排放量；分城镇的污水收集率与污水处理量，以及相应的经济指标等。

节水水平评价包括三类指标；第一类是区域性节水水平指标，主要为有效水量与水资源总利用量之比；第二类是工程性节水水平指标，主要为净用水量与工程毛供水量之比；第三类是节水经济指标，主要是分部门单方水增加值、区域单方水 GDP 以及单方水粮食生产效率。

在评价中首先应对现行用水定额进行分析。这包括城镇用水平衡测试，农村用水现状调查以及分地区、分行业的用水定额调查汇总及整编，分地区、分行业的污水排放定额调查，在此基础上对区域用水效率进行评价。

应当收集有关行业用水定额的国际经验资料，并和评价区域用水定额和用水效率进行比较分析。对工业用水定额可按典型产品和分部门两种口径进行比较分析；对农业用水定额应分作物系数等；对生活用水定额的调查应分城镇规模及农村，也要考虑气候的差异。同时调查人均 GDP 与人均收入的差别；对分行业万元产值与单位产品的排污量进行调查，并分析典型区域用水效率和社会经济发展的对应关系。

6.2.2.2.2 改善用水管理

在改善现行用水制度中，主要采取经济手段调整用水定额，以达到合理用水的目的。这包括定额预测、规划和水的使用权分配的研究：大耗水行业转移的可能性及转移后评价区内工业综合用水定额的下降程度，同时也要分析转移这些工业对评价区内经济发展的影响；在规划区内实行产业结构调查的可能性以及其对工业综合用水定额和区域经济发展的影响；加强分行业器具型节水对工业综合用水定额和区域发展的影响；不同节水措施的边际成本变化比较；基于用水定额方法的国民经济需水预测与耗水量分析；根据分行业用水定额确定水资源使用权的下限等。

要进一步研究依据用水定额制定累进收费制度，包括对城镇生活、工业用水和农业灌溉用水分别制定不同的定额累进收费制度，并在必要时对工业用水和农业用水制定补偿界限；研究季节水价和累进水价的节水效果并予以评估。

要在评价和管理中有步骤地实施用水定额的标准系统，这包括对城镇生活和农村生活用水标准定额的滚动修正、对工业和农业灌溉用水标准定额的滚动修正和评价与管理中的定额应用制度；及时总结评估标准定额系统的作用，以便进一步指导并改进工作。

6.3 供水预测

供水预测指不同规划水平年新增水源工程后(包括原有工程)达到的供水能力可提供的供水量,其中新增水源工程包括现有工程的挖潜配套、新建水源、污水处理回用、微咸水利用、海水利用以及雨水利用工程等。供水水源组成见图 6-1。

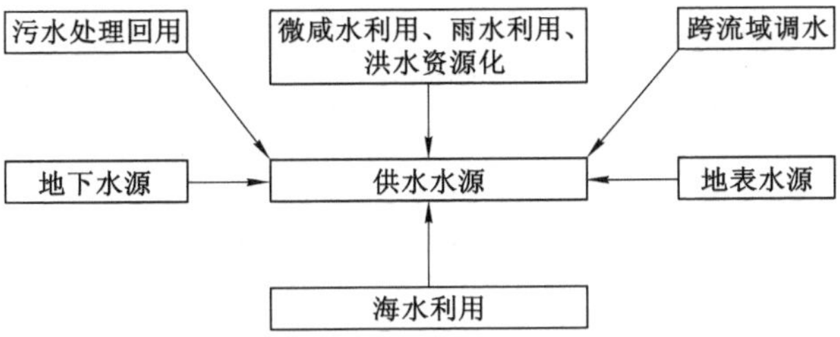

图 6-1 供水水源组成

供水预测要符合流域和区域水资源规划,不同水平年新增水源工程要根据水资源开发利用现状和开发利用的自然、技术、社会条件确定,与需水要求相协调。拟定的水源工程要注意上下游协调,避免重复建设,并注重水资源的保护。预测需水量大于现有供水工程可供水量时,需对新增水源工程做出规划,规划时首先着眼于对现有工程的挖潜配套和改进工程的管理调度,新建工程则要对自然、技术、经济、社会、环境等方面的条件进行综合考虑,并分析该工程对其他供水工程和环境的影响。

6.3.1 供水工程的安排

在供水预测中,供水和排水工程要配套考虑,分析计算其排放的水量和水质,对达不到排放标准的应提出治理方案和措施,防止造成污染。要对各水源地和供水工程所提供的水量和水质情况进行分析预测。

对不同规划水平年新增水源工程的安排原则为在流域规划、地区水利规划及供水规划中明确:① 推荐工程优先;② 配套挖潜工程优先;③ 利用当地水资源的工程优先;④ 利用地表水的工程优先;⑤ 具有综合利用功能的工程优先。同时,要充分研究污水处理回用及微咸水利用工程的可能性,并全面衡量工程的经济效益、社会效益及环境生态效益。

6.3.2 地表供水量的调节计算

不同水平年的地表供水量应按 50%、75%、95%三种不同保证率由上而下逐级调算,在条件允许时,应积极采用系列法进行多年调节计算。调节计算以月为计算时段,应预计工程状况在不同规划水平年的变化情况,如设备老化、水库淤积和因上游用水造成的来水量减少等对工程供水能力的影响,其中大中型供水工程要逐个计算,对小型工程可只估算供水总量。

对地表供水工程可供水量自上而下逐级调算时,要分析计算各级的回归水量。要充分考虑近 10 年来水资源入流的变化趋势和需水要求,估算出不同水平年、不同保证率的工程设施供水量。估算现有工程供水量时,应充分考虑工程老化失修、泥沙淤积、地下水水位下降、未达到原设计配套要求等原因所造成的实际供水能力的衰减等。地表引提工程的供水量用下式进行计算:

$$W_{供应提} = \sum_{i=1}^{t} \min(Q_i, H_i, x_i) \tag{6-9}$$

式中，Q_i 为第 i 时段取水口的可引流量，m^3；H_i 为第 i 时段工程的引提能力，m^3；x_i 为第 i 时段需水量，m^3；t 为计算时段数。

6.3.3 地下水可供水量计算

地下水可供水量预测以补给量和可开采量为依据，分别计算地下水及微咸水的多年平均可利用量。根据实际现状开采量、地下水埋深的实际变化情况，估算出各个规划水平年的多年平均地下水可开采量，再结合各水平年的地下水井群兴建情况，得到相应的地下水可供水量。地下水井群的投资情况应给予说明。对地下水超采地区要严格控制开采量，并考虑补救措施。

在地下水开采区要考虑人工补给工程，尽可能将地表工程无法控制的水转化为地下水，要分析人工补给的水源情况，论证补给的可行性，制定补给的实施办法。

由于地下水的资源量和可开采量与地表水的利用情况直接相关，在地下水的资源量、可开采量计算中，要根据现状基准年和各规划水平年的具体情况进行计算。当有规划补给工程时，地下水供水量要考虑这一额外的补给来源。

地下水（微咸水）规划供水量以其相应水平年可开采量为极限，在地下水超采地区要逐步采取措施压缩开采量使其与可开采量接近，在规划中不应大于基准年的开采量；在未超采地区可以根据现有工程和新建工程的供水能力确定规划供水量。地下水可供水量用下式计算：

$$W_{供地下} = \sum_{i=1}^{t} \min(Q_i, w_i, x_i) \tag{6-10}$$

式中，Q_i 为第 i 时段机井提水量，m^3；w_i 为第 i 时段当地地下水可开采量，m^3；x_i 为第 i 时段需水量，m^3。

6.3.4 其他水源可供水量和总可供水量

污水处理回用量要结合城市规划和工业布局，分别计算出回用于工业和农业灌溉的数量及污水处理投资情况。对未达到排放标准而仍需使用的污水量必须注明。对于因污水排放而造成的可利用水资源量的减少情况应予以专门说明。

对于雨水、微咸水及海水的利用，要说明其直接利用量及替代淡水的数量，并要分析计算相应的投资。对于在海水利用中因腐蚀性造成的损失应予以专门说明。

跨省的大型调水工程的水资源配置，应由流域机构和上级水主管部门负责协调。对于省内各地区的分水，若出现争议，由各省水行政主管部门会同有关单位进行协调。在省级成果汇总时，要特别注意处理好位于不同地区的各规划工程的协调关系，避免重复建设。有跨省调水工程的，水量分配原则上按已有的分水协议执行，也可与规划调水工程一样采用水资源系统模型方法调算出更合适的分水方案，在征求有关部门和单位意见后采用。

不同水平年各分区的总供水量为原有供水工程和新增水源工程中扣除供水工程之间相互调水后所能提供的总供水量。新增水源工程中挖潜配套所增加的供水量，不能直接作为工作区总供水增加量，必须经过调节计算后扣除供水工程之间的相互调用水量方能与分区的其他供水量相加。

供水预测的具体成果包括：各规划水平年的可供水量（包括原有工程和新增水源工程），

并分项说明地表水供水量、地下水供水量、污水回用量、微咸水利用量；提供已建与新建水源工程布置图。对各规划供水工程均需明确其取用水源、水库所在位置或引提水口地点、供水对象、建设年限、工程规模、新增可供水量、投资额及投资安排；污水处理回用、微咸水利用；海水利用工程要研究相应水源的水量、利用的可能性、处理技术的可行性，以及工程的经济效益、社会效益、环境效益。

6.4　供需平衡分析

6.4.1　水资源供需平衡计算方法

6.4.1.1　平衡计算区域划分

水资源平衡计算采用分流域分地区进行。在流域和省级行政区范围内以计算分区进行。在分区时要对城镇和农村单独划分，并对建制市城市单独进行计算。流域与行政区的方案和成果应相互协调，提出统一的供需分析结果和推荐方案。

6.4.1.2　平衡计算时段划分

计算时段可以采用月或者旬。一般采用长系列月调节计算方法，能够正确反映流域或区域的水资源供需的特点和规律。主要水利工程、控制节点、计算分区的月流量系列应根据水资源调查评价和供水量预测部分的结果进行分析计算。无资料或资料缺乏的区域，可采用不同来水频率的典型年法分析计算。

6.4.1.3　平衡计算方法

进行水资源供需平衡计算时采用下式：

可供水量－需水量－损失的水量＝余(缺)水量

(1) 在供需平衡计算出现余水时，即可供水量大于需水量时，如果蓄水工程尚未蓄满，余水可以在蓄水工程中滞留，把余水作为调蓄水量参加下一时段的供需平衡；如果蓄水工程已经蓄满水，则余水可以作为下游计算分区的入境水量，参加下游分区的供需平衡计算；可以通过减少供水(增加需水)来实现平衡。

(2) 在供需平衡计算出现缺水时，即可供水量小于需水量时，要根据需水方反馈信息要求的供水增加量与需水调整的可能性与合理性，进行综合分析及合理调整。在条件允许的前提下，可以通过减少用水方的用水量(通过增加节水工艺、节水器具等措施来实现)或者从外流域调水进行供需水的平衡。

总的原则是不留供需缺口(即出现不平衡的情况时可以按照以上的意见进行二次、三次水资源供需平衡以达到平衡的目的)。

6.4.1.4　注意事项(原则)

具体归纳为以下几方面：

(1) 一次平衡时：计算需水时要考虑到人口的自然增长速度、经济的发展、城市化程度和人民生活水平的提高程度等方面；计算供水时要考虑到流域水资源开发利用现状和格局并要充分发挥现有供水工程的潜力。

(2) 二次平衡时：要强化节水意识，加大治污力度与污水处理再利用程度，注意挖潜配套相结合；合理提高水价，调整产业结构，合理抑制用水方的需求，同时要注重生态环境的改善。

(3) 三次平衡时:要加大产业结构和布局的调整力度,进一步强化群众的节水意识;在条件允许的情况下具有跨流域调水的可能时,通过外流域调水来解决水资源供需平衡问题。

6.4.2 水资源供需平衡分析

6.4.2.1 水资源供需平衡分析的内涵

水资源供需平衡分析就是综合考虑社会、经济、环境和水资源的相互关系,分析不同发展时期、各种规划方案的水资源供需状况。水资源供需平衡分析就是采取各种措施使水资源供应量和需求量处于平衡状态。

水资源供需平衡的基本思想是"开源节流"。开源就是增加水源,包括开辟新的水源,如海水利用、非常规水资源的开发利用、虚拟水等;而节流就是通过各种手段抑制需求,包括通过技术手段提高水资源利用率和利用效率,如通过挖潜减少水资源的需求、调整产业结构、改革管理机制等。

6.4.2.2 水资源供需平衡分析的方法

在供需平衡分析中应先进行现状年已有工程不同保证率供水量和各水平年的预测需水量比较,论证目前规划工程的合理性和紧迫性;再进行各规划水平年不同方案的供水量与该年预测需水量的比较,论证新增水源工程作用和调整国民经济结构的必要性。各规划水平年的供水方案必须在经济、技术上是可实现的。

对各水平年供需预测方案进行综合平衡分析评价,制定规划区和主要城市及地区相应的对策和措施。要充分研究节水、水源保护和管理方面的对策和措施。

当拟定的供水不能满足需水预测时,应根据优先保证生活用水、统筹考虑工业和农业用水的原则,针对各种可能发生的情况,提出有利于当地国民经济与社会持续发展的对策和措施,并作为反馈信息供进一步制订和修改国民经济发展规划时参考。

在水资源供需平衡分析中,当分区缺水量过大时,应调整供需方案或调整国民经济发展指标,使供需基本协调。在社会经济发展指标经调整后仍无法平衡的地区,允许留有缺口并提出有关的措施,同时分析计算因缺水可能造成的经济损失,供有关部门参考。

农村生活用水中,未用供水工程供水部分,在计算中单独作为今后供水工程发展需解决的问题之一,不参与供需平衡分析。

对基准年和水平年应对各分区进行50%、75%、95%三种保证率的水资源供需平衡分析,其中城市和重点地区应单独进行平衡分析,并求出各分区的余(缺)水量。

在供需平衡分析中,对深层地下水、地下水超采和污水利用水量,应作专门说明。这部分水量只能作为临时应急措施,不能当作今后可靠的供水水源。

不同水平年供水工程需要的投资计算中,对跨省、跨地区和综合利用工程应进行投资分摊,其中综合利用工程投资分摊方法可参照《水利建设项目经济评价规范》(SL 72—2013)规定。

供水综合分析,除考虑水量平衡以外,还应充分分析和评价各方案的社会、经济及环境后果,对上述各方面影响较大的方案要提出相应的对策和改善措施,以保证所制订的方案切实可行。

供需平衡是一个反复的过程,由于供水与需水预测的多方案性,所以供需平衡也存在众多的方案,要对这些方案进行合理性分析,根据经济、技术、环境可行的原则进行优化是十分必要的。

以前的水资源供需方案中，多方案做的不多，多方案的优化比较做的就更少。在多方案选择时，要进行科学的比较，开展费用—效益分析。我们在此方面非常薄弱，甚至一些大的工程都没有开展这方面的工作，所以规划设计方案难以被接受，出现各种不同意见，甚至是反对。如对于某地区而言，是用海水经济还是调水合算？对于这样的一个问题，不能简单地从成本上来否定某个方案或者赞成某个方案，应该在详细论证两方案的基础上，从社会、经济、环境等多种角度进行费用—效益分析，推荐方案供选择。

6.4.2.3 解决水资源供需矛盾的主要措施

解决水资源供需不平衡问题，应从供和需两方面入手——增加供水量，减少需水量。

众所周知，建设供水调蓄工程、引水调水工程及水源水质保护工程，可以有效增加供水量；提高工业用水重复利用率及农业用水的利用效率，推广节水技术、改进工艺流程、开发节水器具并推广使之发挥节水作用，可以减少需水量。以下从几个方面简述解决水资源供需矛盾的主要措施。

6.4.2.3.1 合理配置水资源，解决水资源的供需矛盾

确保水资源的可持续利用，成为21世纪中国经济社会发展首要的资源环境问题，而要解决目前水资源的供需矛盾，实现水资源的可持续利用，必须进行水资源的合理配置。水资源供需矛盾日益加剧，生态环境恶化，给人类一次次敲响警钟，人类必须抛弃一味追求区域经济的单程、消耗的传统经济发展模式，而采用循环的、生态的可持续发展模式，“在能满足人们当前需要的同时，又不损害到后代人的生存需要”，建立节约型经济发展模式，以最小的资源消耗，取得最大的经济效益、社会效益和生态效益，把水资源看作是宏观经济系统、生态环境系统和水资源组成的复合系统，以社会经济与环境协调发展为目标，运用多学科理论和技术方法，妥善处理各目标在水资源开发利用上的竞争关系，从决策科学、系统科学和多目标规划理论方面，研究水资源的最优调配方案，即通过水资源的合理配置，增强区域水资源承载力，在水环境承载力之内发展社会经济，促进社会经济的可持续发展。

6.4.2.3.2 搞好节水管理工作，构建节水型社会，实现水资源的永续利用

节约用水是个永恒的话题，必须把节水当作一项长期的战略措施抓好，只有大力倡导和实施节约用水与高效用水，才能实现水资源的可持续利用，保障经济社会的可持续发展。

由于农业用水占总用水量的比重较大，因此搞好农业节水至关重要，可以通过推广高效农业灌溉节水技术、农艺节水技术，推进农业结构调整，发展旱作农业等措施，全面提高农业节水水平。在工业节水中，要加快对现有经济和产业结构的调整步伐，加快对现有大中型企业技术改造的力度，“调整改造存量，控制优化增量”，转变落后的用水方式，健全、完善企业节水管理体系、指标考核体系，大力提高水的循环利用率，提高企业内部污水处理回用水平，促进企业向节水型方向转变。在城镇生活用水中，在大力宣传全社会节约用水的同时，推广、使用节水设施，提高节水器具普及率；加快城镇供水系统的改造，降低管网漏损率；在市政公共事业用水中优先使用再生水。

将建设节水型社会作为治水思路是实现人与自然和谐发展的重大举措。一要突出抓好节水法规的制定；二要全面启动节水型社会建设试点工作；三要以水权水市场理论为指导，充分发挥市场配置水资源的基础作用，积极探索运用市场机制、建立用水户自主自愿节水机制的途径。

6.4.2.3.3 加强水资源的权属管理

水资源的权属包括水资源的所有权和使用权两个方面，因此水资源的权属管理也包括两个方面：对水资源的所有权管理和对水资源的使用权管理。如前所述，由于水资源在国民经济和社会生活中占有重要的地位，因此必须扩大公有色彩，强化政府对水资源的控制和管理，淡化水资源的民法色彩，强调水资源的公有属性，《中华人民共和国水法》中明确规定了水资源属于国家所有。长期以来，由于各种因素的影响，低价使用水资源不但造成水资源的大量浪费，还使得水资源的使用处于一种无序状态。随着水资源供需矛盾的日益加剧，对水资源的权属更加科学地进行管理势在必行，如现行的取水许可制度。

6.4.2.3.4 采取经济杠杆调控水资源供需矛盾

水价是调节用水的经济杠杆，是最有效的节水措施之一。水价关系到每一个家庭、每一个企业、每一个单位的经费支出，是经济核算指标之一，如果水价能够按市场经济的模式运作，按水资源费、供水成本、利润和污水处理费等因素来核算，水价必定要提高，节约用水一定可以达到预期的结果。科学的水资源价值体系能够使各方面的利益得到协调，使水资源配置处于最佳状态。

6.4.2.3.5 加快海水利用步伐，缓解淡水资源供需矛盾

国外海水利用已有近百年历史，海水已成为沿海城市和地区水资源的重要组成部分。向海洋要淡水是沿海国家和地区共同的发展趋势。我国淡水资源短缺的东部沿海地区毗连渤海、黄海，具备利用海水来弥补淡水资源不足的有利条件。充分利用丰富的海水资源是解决这些地区淡水不足的有效途径。海水利用包括海水直接利用、海水淡化和海水化学资源综合利用。

参考文献

[1] 邓铭江. 新疆地下水资源开发利用现状及潜力分析[J]. 干旱区地理，2009，32(5)：647-654.

[2] 高建峰. 工程水文与水资源评价管理[M]. 北京：北京大学出版社，2006.

[3] 郭武. 柴达木盆地水资源开发利用现状分析[J]. 干旱区地理，1997，20(3)：82-89.

[4] 刘恒，刘九夫，唐海行. 澜沧江流域(云南段)水资源开发利用现状及趋势分析[J]. 水科学进展，1998，9(1)：70-76.

[5] 马秉春. 宁夏固原市水资源开发利用现状分析研究[J]. 水利技术监督，2011，19(6)：34-37.

[6] 王双银，宋孝玉. 水资源评价[M]. 2 版. 郑州：黄河水利出版社，2014.

[7] 朱岐武. 水资源评价与管理[M]. 郑州：黄河水利出版社，2011.

7 土壤水资源数量评价

7.1 概述

土壤水作为水资源的一部分在国际上体现在绿水研究中。1995 年，Falkenmark 提出将降水分为两支，一支是水蒸气流——绿水，另一支为径流量——蓝水，并从水循环的角度分析，全球尺度上总降水的 65%通过森林、草地、湿地和雨养农田的蒸散返回到大气中，成为绿水，仅有 35%的降水储存于河流、湖泊以及含水层中，成为蓝水。近年来，绿水资源及其功能评价研究正在起步，尽管在概念体系和评价方法上仍处在发展阶段，但绿水资源已在水资源评价和水文学研究中逐渐得到重视，绿水概念及评价方法的出现已经引起了科学界对水资源概念和水文功能的重新思考。

我国目前的水资源评价体系中主要集中评价可见的、可以被人类直接利用的地表水资源与地下水资源——蓝水，而水资源应该指水循环中能够为生态环境和人类社会所利用的所有淡水，其补给来源主要为大气降水，赋存形式包括地表水、地下水和土壤水，可通过水循环逐年得到更新，所以，水资源评价不能局限于易于被工程开发利用的可更新的地表水和地下水，土壤水资源应该被纳入水资源评价体系当中。

可以看出，土壤水分是气象学、土壤学、水文学、生态学等领域所关注和研究的重要内容之一。土壤水资源的理论研究和评价方法是水资源评价和水资源综合管理亟待解决的重要科研问题，具有重要的意义。

7.2 土壤水及土壤水资源

7.2.1 土壤水分赋存形式及有效性

7.2.1.1 土壤水分的存在形式

土壤水分是指包气带中吸附于土壤颗粒和存在于土壤孔隙中的水分。当水分进入土壤后，在分子力、毛管力或重力的作用下，形成不同类型的土壤水，主要分为以下几类。

吸湿水：由分子力所吸附的水分子。吸湿水被紧紧地束缚在土壤颗粒表面，不能流动也不能被植物利用，只有在 105 ℃的高温下转化为气态水时才会移动，所以对作物生长没有多大意义。

薄膜水：由土壤颗粒剩余分子力所吸附在吸湿水层外的水膜称为薄膜水。薄膜水不受重力的影响，但是受表面张力的作用，能缓慢地从水膜厚的地方向水膜薄的地方移动。

毛管水：土壤孔隙中由毛管力所持有的水分称为毛管水。依照其存在的状况，毛管水又可分为毛管上升水和毛管悬着水。在接近地下水面的土壤中，地下水借毛管作用可以上升而进入土壤，这种沿毛管上升的水分称为毛管上升水；当地下水水位很深，在降雨或灌溉之后，借毛管力保持在土壤中的水分，称为毛管悬着水。

重力水：当进入土壤的水分超过土壤所能保持的田间持水量时，那些超出的水分因受重力的作用便沿土壤孔隙流动，这部分水即称为重力水。

根据土粒对水分吸持能力的强弱，可以把上述土壤水分存在形式分为两类：物理束缚水(吸湿水和薄膜水)和自由水(毛管水和重力水)。土壤水分存在形式不同，对作物生长的意义也不同，吸湿水和薄膜水很难为作物生长所利用，基本没有意义；重力水虽然能为作物利用，但很快就会渗到根系范围以外，所以对作物持续供应水分的用处不大；毛管水是农业生产上最有效的土壤水。

7.2.1.2 土壤水分常数

土壤水分的交换和变化不仅受到土壤物理性质的制约，还受到降雨、下渗、蒸散发等因素的影响。通常采用某些特殊条件下的土壤水分含量来描述土壤水分随时间和空间的动态变化，称为土壤水分常数，它们是土壤水分的形态和性质发生明显变化时土壤含水量的特征值。和作物生长密切相关的常用土壤水分常数有以下几种：

凋萎含水量(凋萎系数)：一般作物根毛的吸水力约相当于15个大气压，当土壤水分的吸力等于15个大气压时，植物根系即无法从土壤中吸收水分，因缺水而发生凋萎。作物发生永久性凋萎时的土壤水分含量即称为凋萎含水量或凋萎系数。凋萎含水量是划分参加水分交换的有效水量的依据。

毛管断裂含水量：土壤的毛管悬着水，随着作物根系的吸收及土壤表面的蒸发，含水量不断降低，至一定限度(约为田间持水量的65%)时，毛管水的连续状态便断裂，此时作物虽然仍能从土壤中吸收水分，但因补给不快而生长迟缓，此时的土壤含水量称为毛管断裂含水量或生长阻滞含水量。

田间持水量：毛管悬着水达到最大数量时，称为田间持水量或田间最大持水量，在各种不同土壤中均有其不同的常数。当土壤含水量超过这一限度时，多余的水分不能被土壤所保持，将以自由重力水的形式向下渗透。田间持水量是划分土壤持水量和渗透水量的重要依据。

饱和含水量：当土壤为重力水所饱和，即土壤全部孔隙都充满水分时，其土壤含水量称为饱和含水量。

对于土壤水资源评价和作物利用来说，田间持水量和凋萎含水量是十分重要的两个土壤水分常数，是人们评价土壤水分是否有效的重要指标。

7.2.1.3 土壤水分有效性的评价

土壤水分的有效性是对作物吸收利用而言的。由于各种因素的影响，土壤含水量中只有一部分水分能被作物吸收利用，而另一部分则不能被作物吸收利用。所以，土壤水分的有效性就是指土壤水能否被作物吸收利用及其吸收利用的难易程度。土壤水分有效性的大小，主要取决于水分存在的形态、性质、数量和分配情况，以及作物吸水力与土壤吸水力之间的矛盾。一般都把凋萎系数时的土壤含水量作为土壤有效水分的下限，而将田间持水量时的土壤含水量作为土壤有效水分的上限。

7.2.2　土壤水库及其调节作用

7.2.2.1　土壤水库

土壤水库是人们根据土壤水分常数和地面水库参数的相似性提出的概念，认为土壤具有蓄水库容，类似地面水库，可以蓄存一定的水量供人类利用。土壤水库的库容大小，取决于土壤类型和非饱和土壤层的厚度，蓄存的水分主要是毛管水，水库的调度靠土壤入渗和作物吸水利用来实现。

广义的土壤水库应是整个非饱和带土壤层的蓄水空间，但是从土壤水资源评价和作物利用来看，以植物根系层的深度作为土壤水库的深度更具有意义，因为根系层的土壤水分能够直接为植物利用，且这部分水通过更强烈地参与水分循环，不断地得到补给和消耗，而根系以下的土壤水分难以为植物利用，且变化也较小。在一般降雨和合理灌溉条件下，渗透到根系层以下的水量很少甚至可以忽略不计。

土壤水库必须有水源，主要有两类：天然情况下的水源主要为降水入渗和地下水的毛管上升水；土壤灌溉也是土壤水库的水源，受人工调节。

7.2.2.2　土壤水库的蓄水能力和调节作用

土壤水库的蓄水能力是土壤水调控和有效利用的基础，影响土壤水库蓄水能力的因素很多，主要有土壤类型、结构、质地以及地下水埋深等。从上述植物用水以及土壤水资源评价的角度来看，并不是所有的土壤水分存在形式都是有效的，通常认为田间持水量到凋萎含水量之间的水分是作物有效利用的水分，其中最有效的部分是田间持水量到毛管断裂含水量之间的水分含量。因此，土壤水库的调蓄能力通常用以下三个基本土壤水分常数来计算，即饱和含水量、田间持水量和凋萎含水量。

土壤层的含水量达到饱和含水量时为最大容量，但是在天然条件下，只有遇到特大暴雨等特殊情况时，低洼地被淹没或者地下水水位上升到地表，土壤才能达到饱和状态，大多数情况下土壤不会长时间处于饱和状态，超过田间持水量的重力水不可能长时间保留在土壤中，而凋萎含水量以下的土壤水分不能为植物所利用，为无效水分，因此，与地面水库的术语——有效库容（也叫兴利库容或调节库容）相似，可以把土壤水库的有效库容定义为给定土层田间持水量与凋萎含水量之间的水容积。显然，饱和含水量和凋萎含水量所对应的库容分别为总库容和死库容。

在给定土层厚度的情况下，土壤的总库容、死库容和有效库容可以分别表示为：

$$
\begin{aligned}
W_s &= \int_0^l \theta_s(h)\,dh \\
W_k &= \int_0^l \theta_k(h)\,dh \qquad (7\text{-}1) \\
W_e &= \int_0^l [\theta_f(h) - \theta_k(h)]\,dh
\end{aligned}
$$

式中，$\theta_s(h)$，$\theta_f(h)$，$\theta_k(h)$ 分别为饱和含水量、田间持水量和凋萎含水量；W_s，W_k，W_e 分别对应为总库容、死库容和有效库容；L 为土壤厚度。

刘昌明院士给出表征土壤水库有效性的指标，认为可用某一有效水蓄量与其相应深度的土壤有效库容的比值来表示：

$$\lambda_e = \frac{\theta(h) - \theta_k(h)}{W_e} \tag{7-2}$$

式中，$\theta(h)$为土壤实际含水量。

土壤的调水能力可用下式来计算：

$$\lambda_r = 1 - \lambda_e = \frac{\theta_f(h) - \theta(h)}{W_e} \tag{7-3}$$

显然，可调节水量应为：

$$\theta_r(h) = \lambda_r W_e = \theta_f(h) - \theta(h) \tag{7-4}$$

同时给出了华北平原几种土质的土壤水库参数，见表 7-1。

表 7-1　华北平原几种土质的土壤水库参数　　单位：%（质量百分比）

土壤质地	θ_s	θ_f	θ_k	$\theta_f - \theta_k$
砂壤土	30～40	22～30	4～6	18～24
轻壤土	28～40	22～28	4～9	18～19
中壤土	30～38	22～28	6～10	16～18
重壤土	28～38	22～28	6～13	15～16
轻黏土	32～40	28～32	15	13～17

7.2.3　土壤水的资源属性

土壤水在水量转换中的意义和在植物生长或农作物生产中的使用价值已经是众所公认，我国水文学家施成熙等认为："土壤水分被调蓄到起后备水源的作用，形成可以向根系层补给土壤水分的土壤水库，但还不是浅层潜水的组成部分时，也可以按水资源论。"并从农业生产的角度认为土壤水属于农业水资源。但是由于土壤水是一种过程状态的水分，在自然条件下最终散失于天然的消耗，因此，也有一部分学者认为土壤水不能与集中分布（积蓄）的地表水和地下水资源相提并论，往往不采用"土壤水资源"这一名词。

但是，苏联水文学家布达果夫斯基（Budagovskii）于 20 世纪 80 年代明确地提出"土壤水资源"一词，先后发表了《土壤水资源以及在水利问题决策中的作用》和《土壤水资源与植被的水分保证》等文章，对土壤水资源的概念作了较为全面的论证，并指出土壤水资源有两个特征：一是它在陆地水相互交换中的作用，其蓄变量影响到地表水和地下水的形成；二是植被生长和发育的最必要的水分因素，而植物产品是陆地生态系统营养链的首要环节。这两个特征都说明土壤水是一种重要的自然资源。

刘昌明院士根据在华北平原的调查和测定，认为土壤可保持稳定储水量（田间持水量），且其能力是相当可观的，一般可占三相容积的 30%～40%，即若取 1 m 厚的土层，其储水量可以为 300～400 mm。同时根据《辞海》对资源的解释，刘院士认为：把土壤水作为农作物生产资料的一种天然水资源，是可以说得通的，或者至少不能算是一种错误的提法。

同时，土壤水具有以下资源特性：

（1）土壤水的储蓄特性。许多农田水利学者采用"土壤水库"一词来形象地说明土壤水向农作物供水的功能。土壤水的储存区域为非饱和包气带，该土壤层类似一个水库。土壤水库与实际当中的水库有相似的特性。实际中的水库，当水流进入水库之后，就可以认为是水库的水资源量，可以被人类利用。同样，当水分进入土壤评价层并且可以被土壤滞蓄储存之后，就可以被植被吸收利用。尽管在这一过程中，一部分水分没有参与植物的生命过程，而是通过土壤直接进入大气当中，但是这部分水量的蒸发过程调节了植物的生长土壤环境（温度、盐分等），同时仍有可以被利用的潜在价值，符合资源的特性。另外，土壤水的储蓄特性受到土壤质地的影响，砂质土保水性差，渗透性强，入土雨水容易下渗或者蒸发，而壤质土保水性好。

（2）土壤水的补给特性。常被人类利用的地表水资源和地下水资源，均是由不同时期的降水补给形成，或者说是由降水量所派生的，同样，土壤水也是降水补给的产物，可以得到更新。同时，土壤水在“四水”转换中与地表水和地下水具有相同的重要地位，是“四水”转换中的环节之一或子系统之一。

（3）土壤水的作物有效性。土壤水在植物生长和农作物生产以及生态系统维护等方面的重要作用已经是毋庸置疑的，但是，土壤水的有效性必须考虑两个方面的内容：① 土壤含水量的范围必须是在田间持水量和凋萎含水量之间，超过田间持水量的水分为重力水，该部分水量不可能长时间保留在土壤中，也不能被作物吸收利用，凋萎含水量以下的水分也不能被作物吸收利用。② 根据作物的根系分布特性，必须是储存于一定深度之内的水分才能被作物吸收，因此在土壤水资源评价时，要考虑土壤评价层的深度。

（4）土壤水的可调控性。土壤水可以通过人为的耕作措施和工程措施调控其输入输出，使其更好地被吸收利用。土壤水的调控实际上是把土壤层看作一个蓄水场所。施成熙等对土壤水库有比较明确的观点，并且认为“土壤水库的概念在农业水资源的调度中得到公认”。但是，它的调蓄水的功能与机制还是一个正在探索的问题。靳孟贵等在经过一系列研究后认为田间土壤水的调控措施包括以下几个方面：改良土壤，增加土壤水流动系统的调节库容；调控流动系统上下边界条件，减少土壤水无效蒸发，增加降水入渗；节水灌溉，提高灌溉水的利用效率，同时选用根系深的作物品种，促进根系深扎，利用深部土壤水；田间人工微地形与合理密植结合，优化田间生态环境。

综上所述，由于土壤本身的滞蓄作用，当降水到达地面之后，大部分水量滞留在土壤当中，不能被人类直接利用，但可以间接通过提供水分满足作物及生态植被的需要来满足社会的需要，并且可以通过降水获得可靠的补给来源，通过水分循环（降雨—土壤水分—蒸发—大气水—降雨）得到更新，通过耕作措施和工程措施加以控制被植物吸收利用，通过生产粮食等产品直接为人类社会服务，或产生一系列的生态服务功能间接地服务于人类，有很强的资源属性。

经过多年的发展，土壤水作为水资源的重要组成部分已经逐渐被认可，虽然这种水源对于城市生活和工业供水并无直接关系，但在水资源不足的地区，当城市工业供水与农业用水之间出现矛盾与竞争时，充分利用土壤水分可以在一定程度上缓和这种矛盾，从这个角度来看，土壤水可以说是水资源供应的替代，也具有很强的资源属性。

7.2.4　土壤水资源的概念及特点

在土壤水的资源价值不断得到认可的过程中，“土壤水资源”的说法被提了出来。“土壤水资源”的概念最早由苏联地理水文学家李沃维奇提出。他认为：土壤水是陆地水循环的重要组成环节，积极参与水循环，不断得到补充和消耗，在陆地生物和生命活动过程中起着积极作用；土壤水是一种可恢复的淡水资源，土壤水资源具有自然资源的特点和水量平衡的动态属性。但是，他将土壤水资源看作是降水量与地表径流的差值，把降水入渗补给形成地下水资源的部分包括在内。针对此不足，20 世纪 80 年代，苏联水文学家布达果夫斯基对土壤水作了较为全面的研究，在苏联杂志《水资源》上，从农业的角度概括了土壤水资源的两大特点：一是土壤水资源在陆地水相互交换中的积极作用，其蓄变量影响到地表水与地下水的形成；二是土壤水资源是植被生长和发育的最必要水分因素，而植物产品是陆地生态系统营养链的首要环节。这充分说明土壤水是一种重要的自然资源。西方学者对土壤水的理论和应用研究作出了卓越的贡献，但是对土壤水作为水资源却很少明确论述，1993 年，西方学者菲德斯来华访问北京农业大学，在其学术报告——《土壤水作为资源的研究趋势》中首次明确肯定了土壤水的资源特性。

当土壤水资源的概念被提出以来，我国的学者也从不同层面对此作了论证。1984 年，水文学家施成熙、粟宗嵩认为：土壤水分被调蓄到起后备水源的作用，形成可以向根系层补给土壤水分的土壤水库，但还不是浅层潜水的组成部分时，也可以按水资源论。刘昌明对土壤水的概念进行了较全面的论证，认为土壤水分对农作物是一种重要的水源，其中对有效降水量的论述同现代土壤水资源的概念是很接近的，并提出了区域多年平均土壤水评价的计算公式。然而，在该公式中，仅笼统地将土壤水蓄变量作为土壤水资源。冯谦诚和王焕榜认为土壤水资源为土壤层内经常参与陆地水分交换的水量，特别是根系带中能为植物利用并可恢复的水量。近些年来，对土壤水资源的论述又出现了许多观点。

夏自强等将土壤蓄水量分为两部分，即永久性蓄水量和动态蓄水量。永久性蓄水量是土壤中不参与水分循环的蓄水量，在土壤水资源评价中，可以不考虑这部分蓄量。土壤多年平均总蒸（散）发量即为区域多年平均总的土壤水资源量，由土壤蒸发和植物散发组成，可用二者的比值来反映土壤水资源的利用系数。

王浩等认为“广义水资源”是指所有为经济社会和生态系统利用的大气降水：既包括地表水和地下水，又包括植被、作物等生态系统利用的土壤水以及冠层与地表的降水截留，但不包括未被生态系统利用的沙漠、裸地、裸露岩石等下垫面上的蒸发，它是相对于传统径流性水资源而言。土壤水资源作为广义水资源的重要组成部分，可定义为：赋存于土壤包气带中，具有更新能力，并能被人类生产和生活直接和间接利用（包括人类对生态环境的维持）的土壤水量和对维持天然生态环境良性循环具有一定作用的土壤水量。根据以上定义，土壤水资源可包括以下四大指标，即从土壤水资源的作用范围出发的可被植被直接吸收利用的土壤水资源量、最大可能被植被利用的土壤水资源量；从其作用的目标出发的用于国民经济的土壤水资源量和用于维持和恢复生态环境的土壤水资源量。

根据国内外对土壤水资源的研究以及土壤水的资源特性，本书认为土壤水资源是指，由天然补给（包括大气降水、凝结水和潜水）到包气带（土壤评价层）当中，具有更新能力，并能够被植被利用和对维持天然生态环境良性循环具有一定作用的土壤水量。

土壤水资源对于农、林、牧业及生态、环境保护具有重要意义，其时空分布受气象条件、降水分布特征、包气带岩性及厚度、植被类型、土地利用方式与强度等的影响。土壤水资源既具有水资源的基本特性，同时又有着与地表水资源和地下水资源相区别的自身特点。

（1）天然补给性。土壤水资源的补给来自天然水源，不包括人为补给（如灌溉）的土壤水分，因此，土壤水资源时空分布对降水具有很强的依赖性，一般降水多的雨季土壤水资源量大，旱季土壤水资源量小。

(2) 可更新性。土壤水资源在非雨季为植被蒸腾利用和消耗于蒸发，积极参与陆地水分循环，腾空库容后，通过雨季降水入渗，得到恢复更新，是一种可更新的动态资源。更新周期平均为一年，与植被生长和农业生产周期相一致，具有重要的生物学和农学意义。

(3) 广泛连续性。同其他陆地水体相比较，土壤水资源普遍存在于陆地表面的土壤中，除未开发地外，凡有降水和土壤的区域都有土壤水资源的分布，分布的广泛性和连续性是最高的，这也是其能为植物广泛利用的独特之处。

(4) 植被吸收利用性。土壤水包括吸湿水、薄膜水、毛管水和重力水。吸湿水和薄膜水植物难以吸收，且数量不大。重力水在土壤中不可能长期滞留，它或者消耗于蒸发，或者下渗补给地下水，或者转化为毛管水等。因此，毛管水是土壤水资源的主要成分，是植被吸收利用的主要水源。

(5) 土层厚度有效性。包气带中的土壤水分并不都是土壤水资源，超过一定深度时，特别是在地下水埋深很大的情况下，土壤水分很难在土壤水势的作用下补给到根系层为植被所利用，但是这部分水分依然影响整个水循环中四水的转换过程。

(6) 不可开采性。土壤水资源不可能像地下水那样被开采运输，故土壤水一般只能被植被(包括作物)就地利用，这是土壤水资源区别于重力水资源的固有特征。

(7) 可调控性。土壤水资源可以通过人为措施进行调控，例如改变土地利用方式、改变微地形、松土、设置地膜等人工界面等，通过这些措施可改变土壤水资源的输入输出，增加有效补充，减少无效损失。灌溉使土壤水分状况发生重大变化，是人工增加土壤水的有效手段，但是本研究认为这部分土壤水不属于土壤水资源，只是地表水资源和地下水资源的再转化。

(8) 时段性。土壤水资源的时段性主要表现在两个方面：一方面是土壤水资源与地下水相比不易保存，不及时利用或采取人为措施保存就会无效损失(蒸发消耗)；另一方面是未及时利用的土壤水资源会减小土壤水库的容量，从而影响整个水循环过程，影响地表水、土壤水和地下水之间的转换过程。因此，应尽量设法使作物适时利用土壤水。

7.2.5　土壤水资源与土壤水、绿水、蒸(散)发的相互关系

7.2.5.1　土壤水资源和土壤水的区别

土壤水通常定义为整个包气带土壤里的水分，它不仅仅包括能够被陆面植被所利用的那部分水量，还包括凋萎含水量以下不能为之利用的水分。在农田中，人们不可能直接把地表水与地下水用来向植物和作物供水，只能将这些水灌注在土中，使其变成土壤水，然后才能为根毛与根表皮所吸收。由此可以看出土壤水资源不同于土壤水，主要区别在于：

(1) 土壤水的补给可以是天然补给，也可以是人工补给(如人工灌溉)；而土壤水资源的补给源只是天然降水。

(2) 土壤水的蓄水量可分为两部分，即永久性蓄水量和动态蓄水量，永久性蓄水量是土壤中不参与水分循环的蓄水量，在土壤水资源评价中不包括这部分蓄水量。

(3) 土壤水存储于整个包气带之中，而土壤水资源有评价层的概念，特别是对于北方地下水埋深很大的流域，不可能为植被利用的土壤水不属于土壤水资源的范畴。

7.2.5.2　土壤水资源与绿水的区别

降水量可分为两支，一支是水蒸气流，即绿水；另一支为径流量，即蓝水。Falkenmark 等认为将降水量分割成蒸发量和径流量是对于大流域尺度(例如江河流域、区域、全球)的陆地水循

环进行表述的常用方法，并指出在降水被分割成不同水流的过程中，有两个分割点起着关键的作用，第一个分割点将降水分成地表径流和下渗，第二个分割点将下渗的土壤水分分成土壤蒸发、植物蒸腾和地下水补给。蒸发和蒸腾构成绿水，地表水和地下水补给形成蓝水。

由两个分割点的作用可以看出，土壤表面条件影响蓝水可用性，决定地表径流和下渗之间的划分；土壤特性决定持水能力，植被特性决定土壤水分接受能力，气候状况决定蒸发能力（绿水）。因此，降水进入土壤后即形成了土壤水资源，然后被植被蒸（散）发消耗进入大气圈转变成绿水流，所以绿水和植被利用水的效率有关，这也是绿水和土壤水资源最大的区别。

另外，蒸（散）发分为有效蒸发和无效蒸发，无效蒸发主要指未利用地蒸发和水面蒸发，有效蒸发主要包括棵间蒸发、植物蒸腾和植被截留。绿水分为生产性绿水和非生产性绿水，生产性绿水指作物和树的水分蒸腾，无效蒸发和棵间蒸发、截留水量的蒸发都属于非生产性绿水。可见，未进入土壤的植被截留水量以及水面蒸发等无效蒸发属于绿水，但是并不属于土壤水资源的范畴。另外，城镇用地是人类居住和活动的集散地，尽管绿地、路面和建筑物等各类下垫面上的蒸发可以起到降温、湿润等环境作用，但是本次研究认为这一部分蒸发和植被蒸（散）发的作用不同，属于无效蒸发。

土壤水资源与土壤水、绿水、蒸（散）发之间的关系如图 7-1 所示。

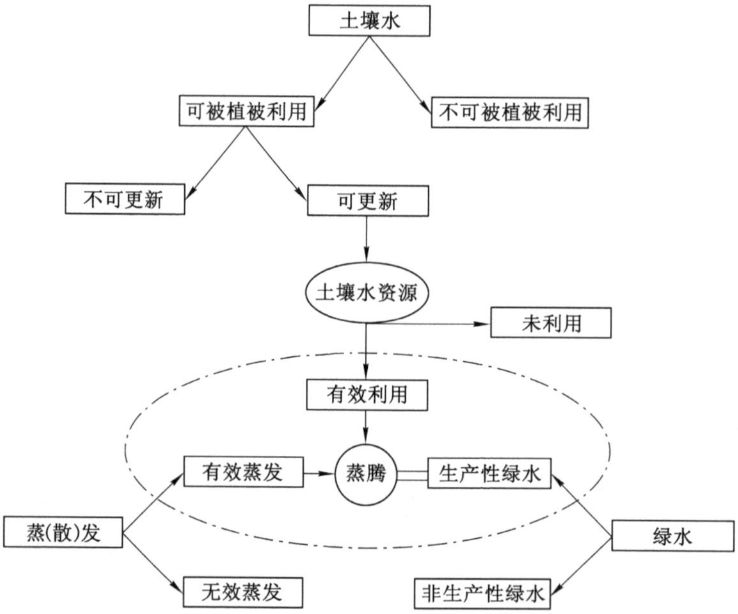

图 7-1　土壤水资源与土壤水、绿水、蒸（散）发关系图

7.3　土壤水资源评价指标及原则

7.3.1　土壤水资源评价指标体系

为了进一步明确土壤水资源的概念，更好地表征土壤水资源的组成，引出以下评价指标体系：

（1）土壤蓄水量（土壤储水量）。土壤蓄水量（土壤储水量）是指某一时刻一定深度内土壤层实际蓄存的水量，由土壤湿度的实测值逐层累加而得。土壤蓄水量随着时间和空间的动态变化很大，同时与计算的深度有关。

(2) 最大可能存储的土壤水资源量。土壤水以吸湿水、薄膜水、毛管水和重力水四种形式存在于土壤的孔隙、裂隙之中。各种水的性质决定了土壤水并不能完全被利用，仅介于作物凋萎含水量和田间持水量之间的水分能够稳定地存在于土壤中并被完全使用。最大可能存储的土壤水资源量指评价层的土壤水分含量始终达到田间持水量时，作物凋萎含水量和田间持水量之间的水资源量。

(3) 有效利用的土壤水资源量。植被生长所用的土壤水资源量即为土壤水的有效利用量，包括植被蒸腾和棵间蒸发水量。植被蒸腾水量消耗于植物的生理过程，属于高效利用量，棵间蒸发水量属于低效利用量。可以看出，有效利用的土壤水资源在数量上为有效蒸(散)发量。

(4) 未利用土壤水资源量。土壤水资源被植物吸收利用后，存储于土壤中且大于凋萎含水量的水资源量属于未利用土壤水资源量，这部分土壤水资源有待利用。

7.3.2 土壤水资源的评价原则

7.3.2.1 基于水分循环的水资源评价

20 世纪 50 年代以来，社会经济的快速发展和人口的急速膨胀使得人们对资源的需求日益增大，对自然资源开发和利用的规模愈来愈大，自然资源的可持续性发展也随之成为国际科研及各国政府关注的热点问题，资源评价成为必不可少的工作。但是由于资源的类型和存在形式的差异，资源数量的评价方法各不相同。通常，自然资源可以分为可再生资源和不可再生资源两大类。对于不可再生资源如各种矿产资源——石油、煤等，通常采用储量和品位等进行数量评价；对可再生资源如水资源、森林资源等进行数量评价时，不仅要注意它们的存在形式及储量，更重要的是注意它们的循环和可再生的特点，采用循环量或可更新量等来表征资源的数量。

水资源属于自然资源中的可再生资源，它的水体资源评价可以用其状态(水域面积、水位、水深等)和储量来表征，但是水量资源的评价则复杂得多，必须充分考虑其循环和可再生的特点，切忌用瞬时储量来评价水量资源。

在水资源评价研究中，地表水资源的评价一开始就是把年径流量作为研究对象，基于水分循环理论进行研究，而地下水资源评价的发展则经过了很长时间的摸索。20 世纪五六十年代，我国地质部门为了经济建设发展的需要开展了大规模的水文地质调查和勘探工作，提交了地下水储量勘探报告，然而其对地下水资源的评价采用的是“储量”勘探方法，给出的是数量巨大的“静储量”。随着对水资源评价认识的发展，提出了“动储量”、“调节储量”和“开采储量”等概念。70 年代后我国水资源研究工作全面开展，水利部门基于河川径流的“基流”概念，采用水文学方法研究区域地下水径流量，这就是应用广泛的流量过程线分割法，这种方法从宏观上给出了流域地下水资源量。用水文学评价地下水资源的数量是该领域研究的重大突破，其结果符合水量平衡原理。

可以看出，水量的评价，应该按照完整的地表水流域来进行。因为，自然界地表水是按流域分布的流域出口的水量，上有各级河流汇集的总水量，为了研究流域内部的水量状况，水资源的评价应该要根据水系或不同级别、地形地貌划出大区，然后按水文测站的分布、水文地质条件、水资源开发利用现状等划分小区，使划分的小区基本上能反映水土资源条件的地区性差别，以便于水量计算和供需平衡分析，也可以满足流域规划和供水规划的需要。

综上，采用水文学方法解决了参与水分循环的地下水资源的数量评价，进而扣除地表水和地下水之间相互转化导致的重复量，得到区域的传统水资源整体评价，从而在理论上和实践上完成了作为可再生自然资源的传统水资源数量评价。但是在传统水资源评价研究中，没有涉及土壤水的资源评价问题，如何在此基础上采用水文学方法得到土壤水资源的数量评价就成为目前需要解决的问题。

7.3.2.2 土壤水资源的补给和消耗

从上述讨论可以看出区域水分循环和水量平衡是进行土壤水资源评价的基础。土壤水资源在区域水循环过程中，通过降水补给，同时通过植物利用不断消耗，因此采用土壤水资源的补给量或者消耗量来对土壤水资源的数量进行评价，这样既满足水量平衡原理，同时也可以给土壤水资源的高效利用提供思路。

7.3.2.2.1 用补给量评价土壤水资源

用补给量评价土壤水资源，是通过评价层土壤水分的来源，扣除损失量和重复量来计算，即存储于评价层土壤中能够被植被利用的水量。通过水量平衡方程可以看出，其在数量上等于进入土壤的有效降水量扣除补给地下水的水量。

用补给量评价土壤水资源时，其困难在于进入土壤的有效水量不容易确定。另外，用补给量评价土壤水资源量时计算时段应该以年为单位，只有以年为单位才能认为土壤水资源的补给量和消耗量相抵，未利用的土壤水资源量才可以认为趋近于零，对于更短的时段如月或季作物的生育期采用补给法的时候必须考虑土壤中尚未利用的土壤水资源量。

7.3.2.2.2 用消耗量评价土壤水资源量

从闭合流域的多年平均水量平衡方程可以看出，降水量是流域系统水量的输入，而蒸发量和径流量是流域的水量支出，相应的可以把降水分成蓝水和绿水两部分。因为土壤水资源主要消耗于植物蒸腾和土壤蒸发，所以在自然状态下，流域的蒸(散)发量扣除无效蒸发如水面蒸发即可认为其在数量上等于土壤水资源量，因此就多年平均的土壤水资源数量来看，可以用陆地蒸(散)发量作为其数量评价。

综上可以看出，土壤水资源的评价必须在水分循环的基础上，考虑水量平衡进行计算，同时，土壤水资源评价除了包括已经利用消耗的部分，还应包括可能利用的潜力部分，即未利用土壤水资源，这样才能更好地提高土壤水资源的利用效率。

7.4 基于区域水循环的土壤水资源评价

7.4.1 区域水循环水量平衡方程

对于一个区域而言，如果把地表水、土壤水、地下水作为一个整体看待，天然情况下的总补给量为大气降水量，总排泄量为地表径流量(不包括河川基流量)、地表蒸发量(不包括潜水蒸发量，总蒸发量包括地表蒸发量和潜水蒸发量)、地下水降水入渗补给量以及区域内部地表、土壤、地下水的蓄变量，区域水量平衡关系可以表示为：

$$P = R_s + E_s + U_p + \Delta V \tag{7-5}$$

式中，P、R_s、E_s、U_p 分别表示降水量、地表径流量、地表蒸发量、降水入渗补给的地下水量；ΔV 表示区域内部地表、土壤、地下水的蓄变量。

多年平均情况下的 ΔV 可以忽略不计，这时上式可以改写为：

$$P = R_s + E_s + U_p \tag{7-6}$$

该公式适用于山区、平原、闭合流域、非闭合流域等各种类型区域的水平衡要素分析。其中：

$$U_p = R_g + E_g \tag{7-7}$$

而：

$$E_s = E_0 + P_{int} + \sum_{i=1}^{n} E_i + \sum_{i=1}^{n} T_i + E_C + E_D \tag{7-8}$$

将式(7-7)、式(7-8)代入式(7-6)得：

$$\begin{aligned} P &= R_s + E_s + U_p \\ &= (R_s + R_g) + \left(\sum_{i=1}^{n} E_i + \sum_{i=1}^{n} T_i + E_0 + P_{int} + E_C + E_D + E_g\right) \end{aligned} \tag{7-9}$$

式中，R_g 为河川基流量(平原区只计降水入渗补给量形成的河道排泄量)；T_i 表示植被的蒸腾量；E_i 表示棵间的散发量；$\sum_{i=1}^{n} T_i$ 表示土壤水当中实际被不同类型植被吸收利用的量的累计；$\sum_{i=1}^{n} E_i$ 表示不同植被覆盖下的棵间散发量的累计；$\sum_{i=1}^{n} E_i + \sum_{i=1}^{n} T_i$ 即为研究区域内部不同植被类型的蒸(散)发量；E_0 表示水面蒸发量；P_{int} 表示植被灌层及地表截留蒸发量；E_C 为城镇用地蒸发量；E_D 为未利用土地(如沙漠、裸地、裸岩等)及稀疏植被中大片裸地上的蒸发量；E_g 表示潜水蒸发量。

7.4.2 区域土壤水资源评价方法

7.4.2.1 传统水资源评价

在传统水资源评价当中，根据《全国水资源综合规划技术大纲》，一定区域内的水资源总量是指当地降水形成的地表和地下产水量，即地表产流量与降水入渗补给地下水量之和。因此，传统水资源评价的通用计算公式为：

$$W_r = R_s + U_p = R_s + R_g + E_g = R + E_g \tag{7-10}$$

式中，W_r 为水资源总量；R_s 为地表径流量(不包括河川基流量)；U_p 为降水入渗补给量(山丘区用地下水排泄总量代替)；R 为河川径流量；R_g 为河川基流量；E_g 为潜水蒸发量。

7.4.2.2 土壤水资源评价

根据土壤水资源的内涵，土壤水资源指能够被植被利用的天然补给到评价层土壤中的水分，因此，土壤水资源的评价分为两个部分：有效利用的土壤水资源量和未利用的土壤水资源量。有效利用的土壤水资源量即通过植被利用形成的绿水，采用排泄法进行计算，其在数量上等于陆面植被蒸(散)发[有效蒸(散)发]。未利用的土壤水资源量采用评价层的土壤水分总量去除凋萎含水量之后的水分总量来进行数量评价。

土壤水资源评价的计算公式为：

有效利用的土壤水资源量：

$$W_f = \sum_{i=1}^{n} E_i + \sum_{i=1}^{n} T_i \tag{7-11}$$

未利用的土壤水资源量：

$$W_u = S_W - W_P \tag{7-12}$$

式中，W_f 为有效利用的土壤水资源量；W_u 为未利用的土壤水资源量；S_W 为评价层土壤水分含量；W_P 为评价层凋萎含水量。

未利用的土壤水资源通过影响土壤水分含量从而影响降水产汇流过程，也影响蓝水-绿水的降水分割，可以认为在一定时期内，因为土壤水资源没有被充分利用，有数量等于未利用土壤水资源量的土壤水转化成为蓝水，即成为传统水资源的一部分，未利用土壤水资源量是传统水资源量和土壤水资源量的重复量。

7.4.2.3　广义水资源评价

由传统水资源和土壤水资源的评价可以看出广义水资源量为传统水资源量加上土壤水资源量，然后扣除二者的重复计算量——未利用土壤水资源量，因此广义水资源量为传统水资源量和有效利用土壤水资源量之和，即陆面水循环中的蓝水和绿水之和，计算公式为：

$$\begin{aligned} W &= W_s + W_r - W_u \\ &= \left(\sum_{i=1}^{n} E_i + \sum_{i=1}^{n} T_i + S_W - W_P\right) + (R_s + R_g + E_g) - (S_W - W_P) \\ &= \sum_{i=1}^{n} E_i + \sum_{i=1}^{n} T_i + R_s + R_g + E_g \end{aligned} \tag{7-13}$$

由于不同地区的地形、地貌、地质、气象、水文等自然条件差异很大，构成多种多样的水资源类型区，各种类型区的四水转化关系和水量平衡方程有所不同，因而水资源量的估算方法也有所不同。下面对几种典型类型进行分析和探讨。

7.4.2.3.1　山区评价模式

山区有利于地表径流的形成和地下径流的水平排泄，该类型的地下径流基本上已经包括在河川径流中，潜水蒸发所占比重很小，可以忽略不计，因此广义水资源评价公式为：

$$W = \sum_{i=1}^{n} E_i + \sum_{i=1}^{n} T_i + R \tag{7-14}$$

7.4.2.3.2　北方平原区评价模式

该类型区地势平坦，地下水运动以垂直方向为主，水平方向微弱，降水一部分形成地表径流，一部分消耗于地表蒸发，其余的形成重力水补给地下水层。地下水的天然排泄以潜水蒸发为主，其次为河道排泄。因此广义水资源评价公式为：

$$W = \sum_{i=1}^{n} E_i + \sum_{i=1}^{n} T_i + R + E_g \tag{7-15}$$

当地下水水位埋深很大的时候，如华北平原，地下水埋深大多数超过 5 m，因此潜水蒸发对土壤水资源的影响可以忽略。

7.4.2.3.3　南方水网区

该地区降水充沛，供水充分，降水基本形成地表水体，水量转化主要发生在地表，地表水和地下水之间的水量交换很小，因此广义水资源评价计算公式为：

$$W = \sum_{i=1}^{n} E_i + \sum_{i=1}^{n} T_i + R_s \tag{7-16}$$

7.4.2.4　降水结构的划分

综合不同的分类方式，根据水资源评价和蓝水-绿水不同的内涵，将降水结构表征为下列公式：

(1) 区域总降水：

$$P=(R_s+R_g)+\left(\sum_{i=1}^{n}E_i+\sum_{i=1}^{n}T_i+E_0+P_{int}+E_C+E_D+E_g\right) \tag{7-17}$$

(2) 传统水资源总量：

$$W_r=R_s+R_g+E_g \tag{7-18}$$

(3) 有效利用的土壤水资源量：

$$W_f=\sum_{i=1}^{n}E_i+\sum_{i=1}^{n}T_i \tag{7-19}$$

(4) 未利用的土壤水资源量(传统水资源和土壤水资源重复量)：

$$W_u=S_W-W_P \tag{7-20}$$

(5) 广义水资源量：

$$W=\sum_{i=1}^{n}E_i+\sum_{i=1}^{n}T_i+R_s+R_g+E_g \tag{7-21}$$

(6) 生产性绿水：

$$W_g=\sum_{i=1}^{n}T_i \tag{7-22}$$

(7) 非生产性绿水(白水)：

$$W_W=\sum_{i=1}^{n}E_i+E_0+P_{int}+E_C+E_D+E_g \tag{7-23}$$

(8) 蓝水：

$$W_b=R_s+R_g \tag{7-24}$$

(9) 有效蒸发：

$$W_e=\sum_{i=1}^{n}E_i+\sum_{i=1}^{n}T_i+P_{int}+E_g \tag{7-25}$$

(10) 无效蒸(散)发：

$$W_n=E_0+E_C+E_D \tag{7-26}$$

对于城镇用地蒸发量 E_C，虽然具有调节温度、净化城镇空气等作用，但是本研究认为这部分蒸发很少为植被利用，故将其作为无效蒸发。

另外，在完全没有实测资料的情况下，可以考虑：尽管 P_{int} 植被截留量这部分水没有进入土壤，但由于落于植物枝叶上的降水最终消耗于蒸发，相应减少了植物的蒸(散)发量，可以将这部分水量视为补给土壤水的量，因此可以不考虑植物截留作用对水资源的影响，即将植被截留量假定为零。

7.4.3 土壤水评价层厚度的确定

土壤水评价层厚度是土壤水资源量评价的关键之一，其直接影响未利用土壤水资源的评价，同时评价层厚度影响水循环过程，进而影响有效利用的土壤水资源量。孟春红将土壤层厚度的评价归纳为以下几种方式。

7.4.3.1 依据根系层深度确定土层厚度

非饱和带土壤层从地表面开始向下，依次可分为耕作层、根系层、毛管上升带和地下水水面等四个层次。在地下水埋藏较浅的地区，地下水水位上升接近或到达根系层时，根系层的土壤水分就能得到地下水的补给，使地下水转化为土壤水。在地下水水位较深(≥7 m)的地区，只有当根系层土壤水势小于下层通气带的水势时，距根系层底界较近的水分上移补充根系层，但其水量有限，如果不能及时补给，反而会使根系层水分下移，所以根系层以下的通气带虽有库容，却很难利用。

根系层是通气带的最上部分，是植物生长发育和水分交换最为活跃的土壤层。植物根系从不同深度吸收水分。例如，小麦、玉米等粮食作物的主要根系分布在 50 cm 以上的土层中，但冬小麦最大根深可达 2 m 以上，黄土高原旱地小麦根最深达 3.7 m。高粱、谷子和大豆的根深均在 1 m 以上。向日葵、油菜等油料作物根系较浅，但也能从 1 m 以下的土壤中吸收水分。棉花根深 2 m。苜蓿根深达 6～8 m。栎树根系最深可达 20 m。就大多数作物而言，根系的深度多在 2 m 以内，其吸水深度也很少超过 2 m。因此，以小于 2 m 土层深度作为根系层的厚度，亦即土壤水库的垂向深度，来评价土壤水资源蓄存量较为适宜。

7.4.3.2　依据潜水调控的临界埋深确定土层厚度

根据实测资料，毛管水强烈上升高度黏质土为 0.9～1.0 m，轻质土为 1.5～1.6 m。黏质土毛管水强烈上升高度前锋距地表 50 cm，轻质土毛管水前锋距地表 50 cm。在这个尺度以下可认为是与地下水有着水力联系的高度。确定这一高度以后，加上耕作层安全深度 30 cm 左右，实际上也就确定了试验区地下水调控深度值，即黏质土为 1.3 m，轻质土为 1.9 m。因此，把评价土层厚度定为小于 2 m 深较为适宜。

7.4.3.3　依据潜水与作物的关系确定土层厚度

地下水埋深对作物的影响集中反映在土壤含水量上。地下水埋深越浅，含水量就越大。含水量过大时，不仅影响小麦的适时播种及发芽出苗，同时也会造成土壤温度降低，影响幼苗正常生长。随着地下水水位的升高，地温逐渐降低。多水低温环境对小麦生长，特别是前期营养生长阶段会造成危害，会引起根部呼吸作用困难，减弱根系对营养物质的吸收，使根系少而入土不深，作物生长没有后劲。地下水埋深浅、含水率高，不仅使作物早期出现生长慢、发育期延长的特点，还会出现死苗现象，到生长后期，植株发育不良、叶梢枯干，表现出早干早熟现象。

试验成果表明，经过作物生理特性鉴定得出小麦的地下水适宜深度，黏土为 1.5～1.8 m，粉质壤土为 1.8～2.0 m。在接近地下水适宜深度时，作物生长状况最好。因此，土层评价厚度小于 2 m 较为合适。

按照上述根系层深度、地下水临界水位和作物最适宜的潜水控制深度以及节水、时空变化特征，把土壤水资源评价土层厚度确定为小于 2 m 是恰当的，这样既有一定蓄存降水量的库容，又能满足作物根系层湿度需求；既能不断得到降水、灌溉、毛管水和凝结水的补给，又能在蒸腾作用下满足作物生理特征的需要。

7.5　海河流域土壤水资源评价

本节以海河流域为例，利用 SWAT 模型，在海河流域 1995—2004 年区域水循环分析的基础上，进行了海河流域的土壤水资源评价。

7.5.1　最大可能存储土壤水资源量

7.5.1.1　植物可利用水分

土壤中的水分可以从滞留含水量变化到饱和含水量，但是并不是所有的水分都能够被植物利用，一般认为，只有田间持水量和凋萎含水量之间的土壤水分能够被植物有效地吸收利用，这部分土壤水称为植物可利用水分（也称为可利用水分容量），其表达式为：

$$AWC = FC - WP \tag{7-27}$$

式中，AWC为植物可利用水量；FC为田间持水量；WP为凋萎含水量。评价层的植物可利用水分与相应深度乘积之和就是土壤所能存储的最大土壤水资源量。

不同土壤质地条件下，植物有效吸收利用的水量是不同的，表7-2给出了三种土壤的体积含水量。从表中可以看出以下三点：第一，不同土壤保持水分的能力是不同的，砂土排水性能比壤土和黏土好，饱和时的水分在到达田间持水量时只剩下15%（0.06/0.4，下同）存于土壤中，而壤土和黏土分别为58%和68%；第二，黏粒含量较高土壤的水分保持能力在永久凋萎点时的水分变化量中也可以体现出来，在表中列出的土壤中，黏土在凋萎点的体积含水量为0.20，而砂土和壤土分别为0.02和0.05；第三，植物可利用水分和土壤保持水分的能力并不成正比，表中列出的三种土壤质地，砂土的可利用水分含量为0.04（0.06−0.02，下同），壤土和黏土的分别为0.24和0.21。可见，尽管黏土的三种水分含量的数值都高于壤土，但是壤土可以被植物吸收利用的水分含量大于黏土，而这种特点是符合实际情况的。

表7-2 不同土壤质地的土壤含水量

土壤质地	黏粒含量/%	土壤含水量（体积比）		
		饱和含水量	田间持水量	永久凋萎点
砂土	3	0.4	0.06	0.02
壤土	22	0.5	0.29	0.05
黏土	47	0.6	0.41	0.20

7.5.1.2 海河流域最大可能存储土壤水资源分布

SWAT模型中通过下式估算每层土壤永久凋萎点的体积水分含量：

$$WP_{ly} = 0.40 \cdot \frac{m_c \rho_b}{100} \tag{7-28}$$

式中，WP_{ly}为凋萎含水量，单位为体积百分比；m_c为每层黏土含量的百分比，%；ρ_b为每层土壤的容重，g/cm^3。

田间持水量的计算公式为：

$$FC_{ly} = WP_{ly} + AWC_{ly} \tag{7-29}$$

式中，FC_{ly}为达到田间持水量时的体积水分含量；WP_{ly}为达到凋萎含水量时的体积水分含量；AWC_{ly}为每层可利用的体积水分容量。

各层土壤凋萎含水量（WP_{ly}）和田间持水量（FC_{ly}）乘以相应的深度，然后累加即可得到各种土壤类型的根系层凋萎储水量（WP）和田间储水量（FC），见表7-3。因为每个子流域可能包含多种土壤类型，故本书采用面积加权的方法获得子流域的WP和FC，分别表示为：

$$WP_i = \sum_{j=1}^{m} \frac{a_{ij}}{A_i} WP_j \text{ ; } FC_i = \sum_{j=1}^{m} \frac{a_{ij}}{A_i} FC_j \tag{7-30}$$

式中，a_{ij}为第i个子流域中j种土壤类型所占面积；A_i为子流域面积。

表 7-3　不同土壤类型的凋萎含水量和田间持水量

编号	代码	第一层				…	第五层				WP	FC
		sol_z1	sol_bd1	sol_awc1	clay1		sol_z5	sol_bd5	sol_awc5	clay5		
1	CHQU	100	1.292 5	0.122 5	18.05	…	0	1.302 5	0.095	18.08	10.324	23.574
2	SHAZ	100	1.3	0.11	24.05	…	0	1.3	0.07	24.04	43.885	71.849
3	SHUI	100	1.361 3	0.126 9	16.64	…	0	1.387 8	0.123	16.56	56.474	131.46
4	HUIT	100	1.361 3	0.126 9	16.64	…	0	1.387 8	0.123	16.56	56.474	131.46
5	SLIN	100	1.170 5	0.158 2	8.24	…	1 371	1.181 8	0.167 7	8.002	25.781	211.96
6	JIAN	100	1.202 5	0.149 2	9.72	…	880.8	1.215 7	0.137 1	9.411	40.921	157.58
7	MIAN	…	…	…	…	…	…	…	…	…	40.921	157.58
8	ZHAN	…	…	…	…	…	…	…	…	…	96.64	264.64
9	BHYA	…	…	…	…	…	…	…	…	…	93.85	225.84
10	CAOD	…	…	…	…	…	…	…	…	…	100.9	199.04
11	CHAO	…	…	…	…	…	…	…	…	…	74.985	170.1
12	CGUT	…	…	…	…	…	…	…	…	…	69.392	186.52
13	FSHA	…	…	…	…	…	…	…	…	…	105.77	255.71
14	GYUT	…	…	…	…	…	…	…	…	…	106.01	180.99
15	SHUI	…	…	…	…	…	…	…	…	…	90.974	181.54
16	LIGA	…	…	…	…	…	…	…	…	…	98.745	198.88
17	SHJH	…	…	…	…	…	…	…	…	…	108.11	211.02
18	SHIZ	…	…	…	…	…	…	…	…	…	62.413	154.04
19	XINJ	…	…	…	…	…	…	…	…	…	81.119	199.11
20	HETU	…	…	…	…	…	…	…	…	…	90.911	201.42
21	HEIG	…	…	…	…	…	…	…	…	…	102.37	259.02
22	JGHN	…	…	…	…	…	…	…	…	…	102.37	259.02
23	ZONG	…	…	…	…	…	…	…	…	…	69.709	181.36
24	HUIH	…	…	…	…	…	…	…	…	…	63.42	192.24
25	SHDC	…	…	…	…	…	…	…	…	…	52.144	154.08
26	ZHZE	…	…	…	…	…	…	…	…	…	71.103	184.29
27	YANT	100	1.361 3	0.129 9	13.66	…	1 291	1.363 7	0.123 7	13.59	121.46	289.85

注：sol_z：土壤层厚度，mm；sol_bd：土壤密度，g/cm^3；sol_awc：土壤层植物有效利用水量，mm；clay：土壤黏粒含量，%；WP：根系层土壤凋萎含水量，mm；FC：根系层土壤田间持水量，mm。

利用上述方法计算得到海河流域根系层（评价层）的凋萎储水量、田间储水量、土壤厚度及最大可能存储的土壤水资源量，见图 7-2～图 7-5。

全流域的田间储水量比较平均，只有平原区的湿潮土和漳卫河上游的黄绵土比较低，根系层的田间储水量分别约为 170 mm 和 157 mm。本书采用面积加权法得到海河流域根系层评价平均深度约为 933 mm，凋萎储水量约为 80 mm，田间储水量约为 186 mm，最大可能存储土壤水资源量为 106 mm，约折合 332 亿 m^3。

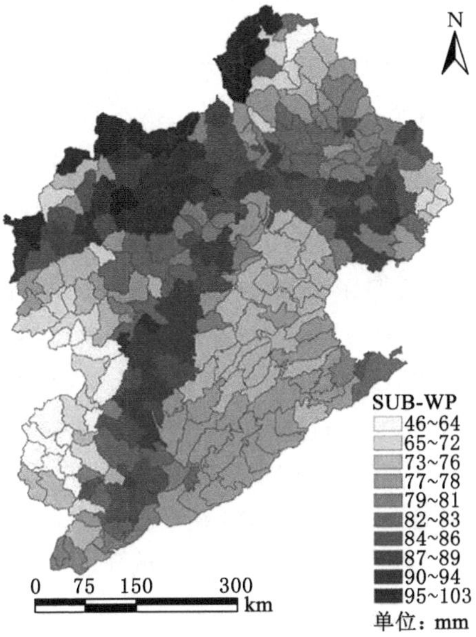

图 7-2 凋萎储水量分布图

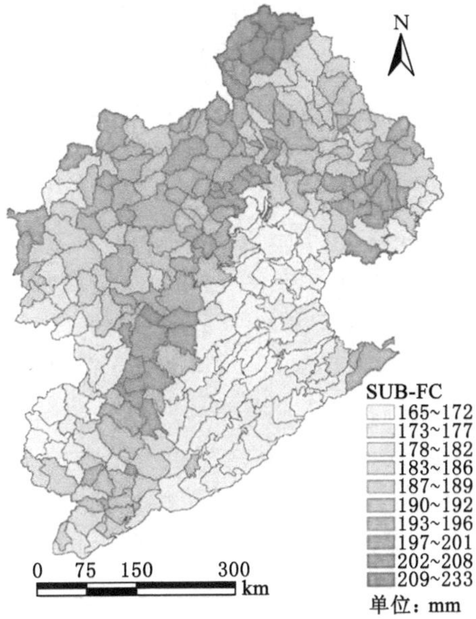

图 7-3 田间储水量分布图

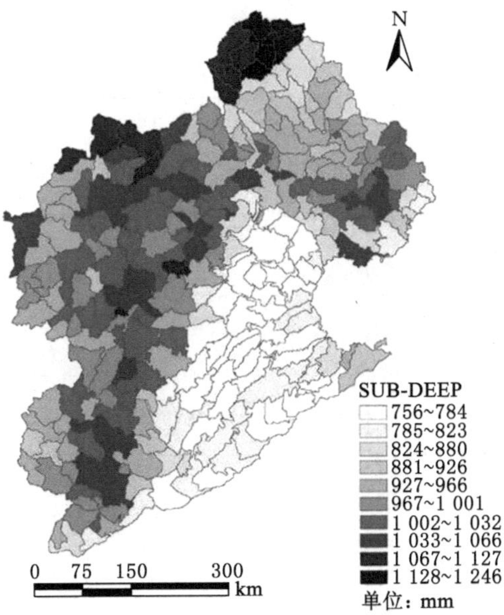

图 7-4 根系评价层土壤厚度分布

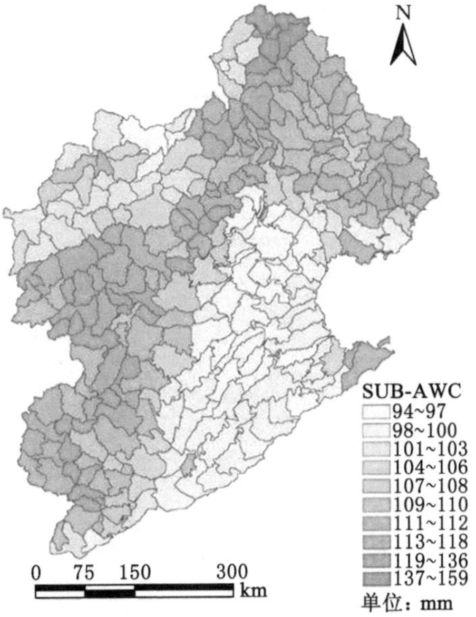

图 7-5 最大可能存储的土壤水资源量

从图 7-2、图 7-3 可以看出，土壤水的凋萎储水量和田间储水量随着海河流域土壤类型的分布呈现出明显的地带性，影响最大可能存储土壤水资源量的主要因素为根系层土壤厚度和土壤蓄水能力。

7.5.2 流域土壤水资源量评价

7.5.2.1 有效利用土壤水资源量

对 SWAT 模型模拟输出的蒸(散)发量按土壤利用类型进行了统计分析,将海河流域的土地利用类型归为耕地、草地、林地、城镇用地和水体等 5 类。根据前述土壤水资源定义,城镇用地蒸发和水体蒸发不属于土壤水资源的范畴,为无效蒸发;对于耕地、草地和林地属于植物蒸(散)发量,为有效蒸(散)发,是土壤水资源的组成,三者的蒸(散)发量之和即为流域多年平均有效利用土壤水资源量。

表 7-4 给出了多年平均条件下海河流域的蒸(散)发量的结构组成,其中有效蒸(散)发量即有效利用土壤水资源量约为 1 069 亿 m^3,折合 340 mm,占流域多年平均降水量 1 547 亿 m^3 的 70%,占流域总蒸(散)发量(绿水)的 93%;无效蒸(散)发量约为 79 亿 m^3,折合 25 mm,仅占流域蒸(散)发总量(绿水)的 7%。在土壤水资源的构成中,耕地的有效蒸(散)发量最大,约占有效利用土壤水资源量的 55%(图 7-6),约占蒸(散)发总量的 52%,略小于耕地在海河流域中的面积比例 52.3%;林地和草地的有效蒸(散)发量分别占有效利用土壤水资源量的 23%和 22%(图 7-6),各约占蒸(散)发总量的 20%,也接近于它们在流域中的面积比例。

表 7-4 海河流域不同土地利用类型蒸(散)发量 单位:亿 m^3

年份	有效蒸(散)发			无效蒸(散)发		蒸(散)发总量	降水量
	耕地	草地	林地	城镇用地	水体		
1995	584.97	219.43	243.10	63.85	20.90	1 132.24	1 887.03
1996	581.10	226.82	240.98	56.55	17.55	1 123.01	1 839.26
1997	536.97	208.47	226.47	49.09	21.32	1 042.32	1 153.09
1998	635.97	256.61	270.32	62.68	19.86	1 245.44	1 748.76
1999	547.61	207.99	237.14	49.84	20.46	1 063.05	1 197.20
2000	520.08	211.27	224.04	50.38	22.33	1 028.10	1 540.52
2001	563.99	203.88	228.62	54.38	23.22	1 074.08	1 316.11
2002	549.52	234.23	240.36	49.24	23.02	1 096.37	1 233.17
2003	644.16	267.32	267.33	60.95	21.30	1 261.06	1 847.26
2004	753.75	276.05	277.30	74.07	32.18	1 413.34	1 714.34
平均	591.81	231.21	245.57	57.10	22.21	1 147.90	1 547.67
比例/%	51.56	20.14	21.39	4.97	1.94	100	

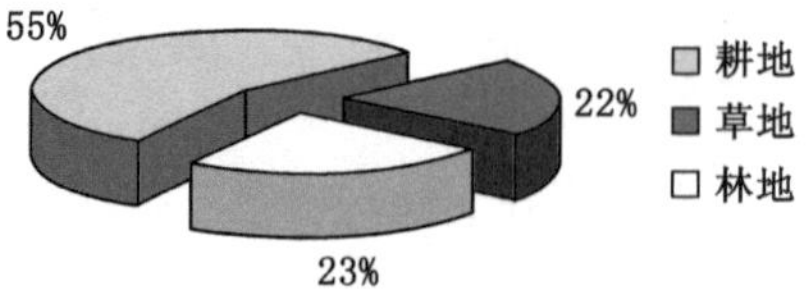

图 7-6 不同土地利用类型的蒸(散)发量占有效利用土壤水资源量的比例

海河流域的城镇和水体分布见图 7-7,从对应的子流域的有效蒸(散)发量中扣除水体和城镇用地的蒸(散)发量得到海河流域多年平均有效利用土壤水资源分布,如图 7-8 所示。

图 7-7 海河流域城镇和水体分布图

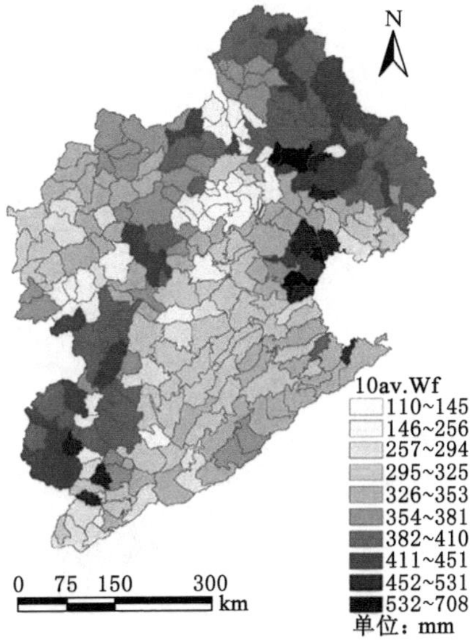

图 7-8 海河流域多年平均有效利用土壤水资源量分布图

7.5.2.2 未利用土壤水资源量及土壤水资源量

对每个子流域，通过 1995—2004 年逐月土壤水分含量得到年平均和十年平均土壤水分含量，扣除相应不能被植被利用的凋萎含水量，计算得到未利用土壤水资源量，见表 7-5 和图 7-9。

表 7-5 海河流域 1995—2004 年土壤水资源量 单位：mm

年份	降雨量	绿水[总蒸(散)发]		蓝水(传统水资源)		土壤含水量	未利用土壤水资源量
		有效利用土壤水资源量	无效蒸(散)发	地下径流	地表径流		
1995	599.947	332.915	26.934	33.246	184.685	126.287	46.308
1996	584.740	333.363	23.553	39.044	210.075	126.684	46.705
1997	366.674	308.892	22.378	7.199	57.66	95.561	15.582
1998	556.064	369.594	26.231	14.763	133.381	104.648	24.669
1999	380.655	315.514	22.344	5.070	49.732	95.523	15.544
2000	489.719	303.641	23.110	14.045	123.163	117.289	37.31
2001	418.431	316.704	24.661	10.478	74.725	103.091	23.112
2002	392.021	325.482	22.966	7.727	44.275	93.181	13.202
2003	587.343	374.653	26.138	19.832	130.104	125.036	45.057
2004	545.155	415.421	33.767	17.578	116.488	102.937	22.958
平均	492.075	339.618	25.208	16.898	112.429	109.024	29.045
比例%		69	5.1	3.4	22.8		

7.5.2.3 海河流域土壤水资源利用分析

海河流域 1995—2004 年传统水资源总量约为 129 mm，仅占降水的 26%，而有效利用

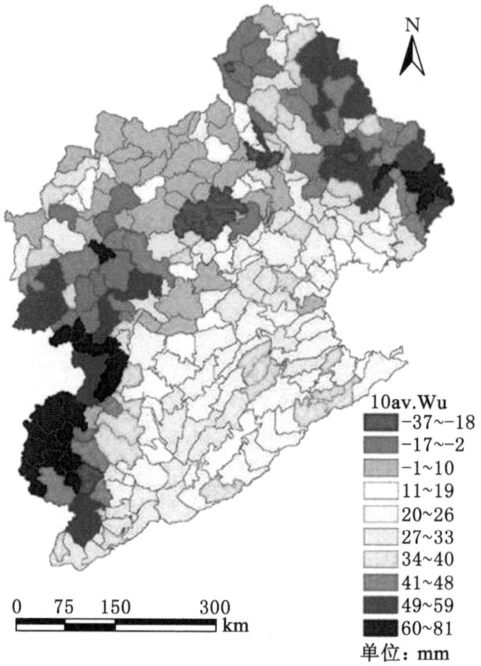

图 7-9 海河流域多年平均未利用土壤水资源量分布图

土壤水资源量为 339 mm，占降水量的 69%，即广义水资源量为 468 mm，约占降水的 95%。可以看出，仅仅依靠传统水资源的综合管理来解决海河流域的水资源问题是不全面的，土壤水资源在海河流域占有很大比重，如何充分利用这部分水资源量是未来解决海河流域水资源供需矛盾的突破点之一。

海河流域 1995—2004 年有效利用土壤水资源量为 339 mm，占降水量的 69%；未利用土壤水资源量约为 29 mm，占降水量的 5.4%。从多年平均土壤水资源的组成来看，土壤水资源通过植被蒸(散)发形成有效利用土壤水资源——绿水，但是从整个流域来看海河流域的土壤水资源并未充分利用，即使在 1997 年、1999 年和 2002 年的枯水年，年未利用土壤水资源量仍然有 10 mm 以上，仍有利用的空间。不过，海河流域降水的时空分布极不均匀，仅仅从年平均未利用土壤水资源量进行分析是不充分的，需要对未利用土壤水资源的时空分布进一步分析。

7.5.2.4 海河流域土壤水资源分布特征

从图 7-8 和图 7-9 中可以看出北京、保定、石家庄、邢台、邯郸等山前平原的土壤水资源很少，一方面是因为这些地区的城镇土地蒸发属于无效蒸发，不属于土壤水资源范畴；另一方面，这些地区的多年平均蒸(散)发量亦偏小。值得注意的是，天津地区的土壤水资源量比较大，主要是因为该地区有效蒸(散)发相对较大，而且分布着零散的水域，因为面积比较小，模型在评价中把部分水体蒸发归为耕地蒸发，视为有效蒸(散)发量。

北三河上游山区和子牙河上游山区部分地区的土壤水资源偏少，从流域的多年平均降水量分布和地下径流分布图中可以看出：北三河上游山区是由于降水量偏小导致该区的有效蒸(散)发量偏小，而子牙河上游地区则是因为降水更多地转为地下径流导致蒸(散)发量较小，从而致使该地区的多年平均土壤水资源量较小。

滦河山区、漳卫河山区及其对应山地丘陵地区的土壤水资源很大，达到 400 mm 以上，这些地区的有效利用土壤水资源量和未利用土壤水资源量均大于海河流域其他地区，提高土壤水资源利用率的空间很大。

永定河山区有效利用土壤水资源量约为 350 mm，但是该地区未利用土壤水资源量很小，接近于零，土壤水资源已经被植被充分利用于蒸(散)发消耗，而且该地区土壤凋萎含水量较高，这也是其未利用土壤水资源值很小的原因之一。

平原区的土壤水资源在整个流域中比较少，特别是山前平原地带，能够形成有效利用土壤水资源的水量偏小。该地区多年平均降水量较小，且更多的水量形成地下径流，未利用土壤水资源量也很少。因此，作为海河流域主要的耕作地带，仅仅依靠土壤水资源不能够满足作物生长，需要通过灌溉来满足农作物的生长需要。

参考文献

[1] 程国栋，赵文智. 绿水及其研究进展[J]. 地球科学进展，2006，21(3)：221-227.

[2] 冯谦诚，王焕榜. 土壤水资源评价方法的探讨[J]. 水文，1990，10(4)：28-32.

[3] 贺伟程. 论区域水资源的基本概念和定量方法[R]. 北京：中国水利水电科学研究院水资源研究所，1982：47-54.

[4] 靳孟贵，方连育，等. 土壤水资源及其有效利用：以华北平原为例[M]. 武汉：中国地质大学出版社，2006.

[5] 刘昌明，任鸿遵. 水量转换实验与计算分析[M]. 北京：科学出版社，1988.

[6] 施成熙，粟宗嵩. 农业水文学[M]. 北京：农业出版社，1984.

[7] 王浩，杨贵羽，贾仰文，等. 土壤水资源的内涵及评价指标体系[J]. 水利学报，2006，37(4)：389-394.

[8] 夏自强，李琼芳. 土壤水资源及其评价方法研究[J]. 水科学进展，2001，12(4)：535-540.

[9] 由懋正，王会肖. 农田土壤水资源评价[M]. 北京：气象出版社，1996.

[10] 詹道江，叶守泽. 工程水文学[M]. 北京：中国水利水电出版社，2000.

[11] FALKENMARK M，LANNERSTAD M. Consumptive water use to feed humanity - curing a blind spot[J]. Hydrology and earth system sciences，2004，9(1)：15-28.

[12] MALIN F，JOHAN R. 人与自然和谐的水需求：生态水文学新途径[M]. 任立良，束龙仓，等译. 北京：中国水利水电出版社，2006.

附　　录

附录一　GFModel 程序使用

GFModel(groundwater flow model)是基于三角形剖分和隐式有限差分的三维非饱和-饱和地下水流计算程序，由中国矿业大学的董贵明开发。程序中包括定水位、定含水率、通用水头边界、零通量和非活动节点类型，包括抽水、降水、蒸发和河流等源汇项。程序中将三角形分为普通三角形和非活动三角形两种类型，非活动三角形的各个方向的渗透系数为 0。程序中的各种水文地质参数、三角形的活动性、源汇和节点类型都允许随时间变化。在整个程序运行期间，某个节点在不同的时段内可以是不同的节点类型。可以单独和同时处理潜水、承压水和非饱和水流问题。当程序中不存在非饱和流的时候，允许出现干节点，并且允许干节点变湿。方程组的形成采用单元系数矩阵和单元列向量组装成总的系数矩阵和列向量的方式，对包含潜水或者非饱和水流的非线性方程组的情况，采用简单迭代法(Picard 迭代法)求解，线性方程组采用超松弛迭代法(SOR 方法)求解。

由于 GFModel 目前还未能实现模拟区域的剖分，需要借助 FEFLOW 软件的剖分功能，接下来将对如何使用 FEFLOW 进行模拟区域的剖分以及如何利用剖分结果中的数据作为程序所需数据一一介绍。仅针对饱和带问题。

一、数据准备

(1) 使用 FEFLOW 将模拟区域剖分为若干三角形单元，并在抽水井和观测井处进行加密。

(2) 用 Microsoft Word 打开 *.fem 剖分文件，提取出模拟区域的空间信息。该剖分文件如附图 1 所示，程序计算所需数据及对应的名称标注在图中。

二、Input 文件数据输入

Input 文件夹中包含了程序运行所需的各项参数的输入文件，文件格式均为.txt。在数据输入过程中，需注意参数单位应与程序设定中保持一致，长度单位为 m，时间单位为 d。

1. BHSL_SWDZCS 文件夹

在该文件夹中，需要对给水度、储水率、渗透系数进行设置，共有两种类型的文本文件：分区、分区值。

```
PROBLEM: A new FEFLOW problem
CLASS (v.6.006)
   2    1    0    2    1    0    8    8    0
DIMENS
   287    529    3    1   2000    0    0    0    0    2    0    0    1
0    0    0    0
SCALE
 7.812500e-02, 1.000000e+02, 1.000000e+00, 1.000000e+00, -0.000000e+00, -0.000000e+00
NODE
    16   68   15
    16   69   68
    16   17   69
    17   70   69
    17   18   70
    19   71   18
    19   72   71
    19   20   72
    20   73   72
    20   21   73
    23   74   22
```

剖分的三角形，序号按顺序排列，从1开始

三角形的三个顶点对应的节点编号，相互之间无顺序

```
COOR
 0.0000000000000e+00,    0.0000000000000e+00,    0.000000
0.0000000000000e+00,    0.0000000000000e+00,    0.000000
0.0000000000000e+00, 0.0000000000000e+00, 8.71849763125
 2.61554928937607e+01,    3.48739905250142e+01,    4.359248
6.23949921041785e+01,    7.17962440781339e+01,    8.119749
1.0000000000000e+02, 1.0000000000000e+02, 1.000000000000
 1.0000000000000e+02,    1.0000000000000e+02,    1.0000000000000e+02,    1.0000000000000e+02,
1.0000000000000e+02,    1.0000000000000e+02,    1.0000000000000e+02,    1.0000000000000e+02,
9.08676177452508e+01, 8.17352354905015e+01, 7.26028532357523e+01, 6.34704709810030e+01,
```

FEFLOW 中各节点的 X、Y 坐标，从 1 开始按序号排列
（其中，坐标前半部分为X坐标，后半部分为Y坐标，此处可通过坐标整理程序直接处理为GFModel程序所需数据的格式）

```
 7.38390395974657e+01,    7.51650093542734e+01,    7.30218751918825e+01,    7.58568658376091e+01,
7.77528167732329e+01,    7.98959509356238e+01,    8.42157198783341e+01,    8.23197689427103e+01,
8.41211123361649e+01, 2.95799388854370e+01, 3.85275275550844e+01, 3.85166417302657e+01,
 3.66956381588761e+01,    3.81789964286104e+01,    4.05680850580036e+01,    3.90847267882692e+01,
4.37084413591538e+01,    4.42765264171573e+01,    3.99335061746460e+01,    4.29961682133767e+01,
4.30626620387307e+01, 4.67711033978844e+01, 3.81125026032564e+01,
GK_COOR
            0.000000,          0.000000
```

剖分区域原点的 X、Y 坐标，最终程序所需的节点 X、Y 坐标是将原点坐标与 FEFLOW 中各节点的 X、Y 坐标相加得到的

```
EXTENTS
 0.0000000000000e+00, 0.0000000000000e+00, 1.0000000000000e+02, 1.0000000000000e+02,
 0.0000000000000e+00, 0.0000000000000e+00, 1.0000000000000e+02, 1.0000000000000e+02,
FLOW_I_BC
        8  9.0000000000000e+01
 →  →    1-  9  22- 43
       18  1.0000000000000e+02
 →  →   10- 21
INIT_I_FLOW
   0.0000000000000e+00→  1-287
MAT_I_FLOW
126  0.000000e+00 "Transmissivity [max]"
   3.000000e+00→ 73-148 376-387 478-481
   4.000000e+00→149-228 388-426 466-471 482-491 506-529
   5.000000e+00→229-288 427-447 492-498
   7.000000e+00→289-357 448-465 499-505
   9.000000e+00→  1- 72 358-375 472-477
102  0.000000e+00 "Anisotropy factor for conductivity"
   1.000000e+00→  1-529
104  0.000000e+00 "Anisotropy angle"
   0.000000e+00→  1-529
```

边界条件：8 代表 FEFLOW 中定水头边界类型，18 代表 FEFLOW 中 GHB 边界类型。边界类型的下一行为该类型边界上的节点编号

渗透系数：前面为渗透系数取值，后面为相应渗透系数分区内的三角形编号（三角形编号的格式可以通过分区整理程序进行调整输出）

附图 1

(1) * * 分区.txt

1 501 1 1 502 1 1 503 1 1 504 1 1 505 1 1 149 2 1 150 2 1 151 2 1 152 2 1 153 2	第一列:层号 第二列:三角形编号 第三列:分区号

该文本中包含了模拟区域的所有层,而每一层必须包含所有的三角形。对于分区号,可以不按顺序排列,但相同分区的三角形必须连续存放。

(2) * * 分区值.txt

1 0 0.5 0.0001	第一列:分区号 第二列:起始时间 第三列:结束时间 第四列:参数值 (此处以储水率为例,若是渗透系数,则第四～六列分别为 K_x、K_y、K_z)

在该文本中,可以输入多行数据,即存在当参数随着时间变化而发生变化的情况。此时,可以根据参数与时间的关系,将整个模拟时间划分为若干个子时段,每一个时段中均赋予一个参数值。

在后面的输入文本中,只要是与时间有关的参数值,其输入文本均可根据该参数与时间的关系输入多行数据。

2. CSSWei4 文件夹——初始水头.txt

此文件夹是设置模拟区域中各节点的初始水头。

1 1 1 80 1 2 1 80 1 3 1 80 1 4 1 80 1 5 1 80 1 6 1 80 1 7 1 80	第一列:层号 第二列:节点编号 第三列:类型,1 表示第四列为水头 第四列:初始水头

该文本中,需要包含模拟区域中所有的节点。

3. kong1jian1xin4xi1 文件夹

该文件夹需要输入模拟区域的空间信息,形成节点坐标、三角形两个文件。

(1) 节点坐标.txt

1	1	0.00	90.00	20	0	第一列:层号
1	2	0.00	80.00	20	0	第二列:节点编号
1	3	0.00	70.00	20	0	第三列:节点 X 坐标
1	4	0.00	60.00	20	0	第四列:节点 Y 坐标
1	5	0.00	50.00	20	0	第五列:节点顶板高程
1	6	0.00	40.00	20	0	第六列:节点底板高程
1	7	0.00	30.00	20	0	
1	8	0.00	20.00	20	0	
1	9	0.00	10.00	20	0	

(2) 三角形.txt

1	16	68	15	第一列:三角形编号
2	16	69	68	第二～四列:三角形对应顶点的节点编号(三个顶点之间无顺序)
3	16	17	69	
4	17	70	69	
5	17	18	70	
6	19	71	18	
7	19	72	71	
8	19	20	72	
9	20	73	72	

4. SL JS_JD_lei4xing2 文件夹

此文件夹中将设置模拟区域的边界条件。

(1) ZSYLiu2Liang4 节点分区值.txt(即 GHB 边界)

1	0	0.5	80	6	0.01

第一列:边界分区号　　第四列:GHB 边界水头
第二列:起始时间　　第五列:边界渗透系数
第三列:结束时间　　第六列:距离倒数

(2) 定水位分区值.txt

1	0	0.5	70

第一列:边界分区号　　第三列:结束时间
第二列:起始时间　　第四列:定水头边界水头

(3) 节点类型及顺序号.txt

1	36	3	1	1	6	0	0
1	37	3	1	1	6	0	0
1	38	3	1	1	6	0	0
1	39	3	1	1	6	0	0
1	40	3	1	1	6	0	0
1	41	3	1	1	6	0	0
1	42	3	1	1	6	0	0
1	43	3	1	1	6	0	0
1	10	3	0	0	6	1	1
1	11	3	0	0	6	1	1
1	12	3	0	0	6	1	1
1	13	3	0	0	6	1	1
1	14	3	0	0	6	1	1
1	15	3	0	0	6	1	1
1	16	3	0	0	6	1	1
1	17	3	0	0	6	1	1

在上述数据示例中共描述了两种边界，节点编号 36～43 为定水头边界，节点编号 10～17 为 GHB 边界。

该文本中，一个节点仅可出现一次，不可重复。节点类型值为非零数值，定水头边界节点类型值为 3，GHB 边界节点类型值为 6，相同节点类型所在的列数必须固定，不受层号、节点编号的限制，且对于任意一种节点类型来说，同一个分区号的节点完全可能是编号不连续的。

当模型仅有一种边界类型时，该文本由五列数据组成；当模型含有两种边界类型时，该文本则为八列。为适应更复杂的地下水情况，设计节点类型及顺序号.txt 的列数与边界类型有关。

如果某节点的某一类型没有赋过值，那么该分区号和顺序号为 0 即可，顺序号一定要为 0，分区号可以为任何值，此时的分区号是不参与程序中的分析的。分区号是为了区分同种边界类型的不同条件，与 ZSYLiu2Liang4 节点分区值.txt 和定水位分区值.txt 中的边界分区号相对应。

5. SL JS_time 文件夹——时段划分.txt

该文件夹是对模拟的时间步长进行设置。

0	0.05	1	1	第一列：单个时间步长起始时间 第二列：单个时间步长结束时间 第三列：划分时段数 第四列：每个时段内的子时段数
0.05	0.1	1	1	
0.1	0.15	1	1	
0.15	0.2	1	1	
0.2	0.25	1	1	
0.25	0.3	1	1	
0.3	0.35	1	1	
0.35	0.4	1	1	

划分时段数，是指在单个时间步长内划分的时段的个数。时段内的子时段数，是指单个时间步长划分了时段后对单个时段再进行划分的子时段的个数。

对于每个时间步长中时段与子时段的划分个数可根据模型条件设置不同的值。当采用划分时段数下的时间步长计算不收敛时，程序会自动提取划分的子时段数进行计算，以确保模型计算收敛。

6. SL JS_yuan3hui4 文件夹

此文件夹中包含了抽/注水井、观测井、降水条件的设置。

(1) well1 文件夹——抽水井.txt

W-1	30	40	1	0	0.5	-500

第一列：井名称
第二列：X 坐标
第三列：Y 坐标
第四列：层号

第五列：起始时间
第六列：结束时间
第七列：水量（＋为注水，－为抽水）

（2）观测井.txt

O-1	25	78	1	0	80	第一列：井名称
O-2	21	26	1	0	80	第二列：X 坐标
O-3	61	20	1	0	80	第三列：Y 坐标
O-4	74	45	1	0	80	第四列：层号
O-5	66	72	1	0	80	第五列：时刻
						第六列：对应时刻的水头

（3）降水文件夹

① 降水量降水入渗系数分区.txt

该文本与分区文本中的数据输入一致，同样需要将相同分区的数据连续存放，但在该文本中可以不包含所有三角形。

② 降水量降水入渗系数分区值.txt

1	0	0.5	0.0000035	0.14

第一列：分区号 第二列：起始时间 第三列：结束时间	第四列：降水量 第五列：降水入渗系数

这里同样需要将相同分区的数据连续存放。

7. SJ Heng2 文件夹——水均衡分区.txt

若要计算模拟区域的地下水均衡项，则需在该文件中进行设置分区，格式与上述分区文本的格式一致。

8. SL JS_kong4zhi4chang2shu4 文件——稳定流非稳定流标志

该文本可以设置程序进行稳定流或非稳定流计算的标志，0 为稳定流，1 为非稳定流。

9. SL_biao1zhi4 文件——渗流标志

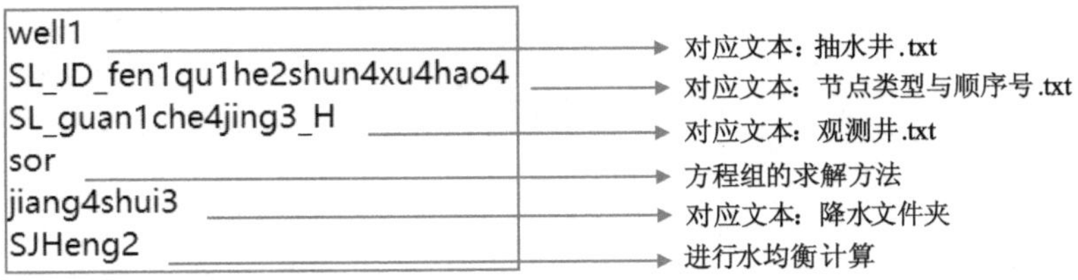

该文本是设置 GFModel 程序的计算内容及算法。其中，除了 sor 标志为必须标志，其他标志可根据模拟区域的情况进行添加，且各标志的排列无先后顺序。关于算法的标志，在标志.txt 中有可供参考的各类标志。

三、程序运行

双击 GFModel 即可运行程序，计算停止后敲击 Enter 键完成。

四、Output 文件结果输出

1. 水头计算结果

SL_ji4shuan4_jie2guo3 → GCjing3_H

最后的计算结果是以各观测井名称命名的 *.txt 文本，下面以观测井 O-1 为例，每个文本的格式是相同的。

0.00000	80.00000	第一列：时刻 第二列：对应时刻的观测井水头
0.05000	74.23402	
0.10000	73.50264	
0.15000	73.38073	
0.20000	73.35675	
0.25000	73.35175	

2. 水均衡项计算结果

SJHeng2_jie2guo3 → SJHeng2_zhi2_hui4zhong3.txt

在汇总文本中，列出了模拟时间内所有分区各时刻均衡项的值。

时刻	分区	x方向流量	垂向流量	抽水	降水	ZSYLiu2Liang4_JD	DSW_JD水平流量	DSW_JD垂直流量	重力释水量	弹性释水量	非饱和释水量	总流入	总流出	总释水量	均衡值
1	1.00000	0.00000	0.00000	-25.00000	0.00022	28.86514	-103.31099	0.00000	0.00000	-99.44562	0.00000	28.86536	-128.31099	-99.44562	-0.00001
2	1.00000	0.00000	0.00000	-25.00000	0.00022	34.26388	-26.28525	0.00000	0.00000	-17.02131	0.00000	34.26410	-51.28525	-17.02131	0.00015
3	1.00000	0.00000	0.00000	-25.00000	0.00022	35.46707	-13.96635	0.00000	0.00000	-3.49928	0.00000	35.46729	-38.96635	-3.49928	0.00021
4	1.00000	0.00000	0.00000	-25.00000	0.00022	35.73429	-11.47984	0.00000	0.00000	-0.74514	0.00000	35.73451	-36.47984	-0.74514	-0.00019
5	1.00000	0.00000	0.00000	-25.00000	0.00022	35.79291	-10.95353	0.00000	0.00000	-0.16005	0.00000	35.79313	-35.95353	-0.16005	-0.00036

其中，均衡值=总流入+总流出－总释水。

五、模型三角形剖分及数据整理程序

1. 模型三角形剖分

模拟区域采用 FEFLOW 软件进行三角形剖分，具体操作步骤如下：

(1) 双击图标，打开软件。

(2) File → New → Load map(s)，新建文件，并导入模拟区域底图，底图的文件类型支持 *.jpg、*.png、*.dxf 等图形类型。

(3) 双击 Maps 窗口中的 Default，使底图显示在 Supermesh 窗口中，同时将选择为导入的底图，如附图 2 所示。

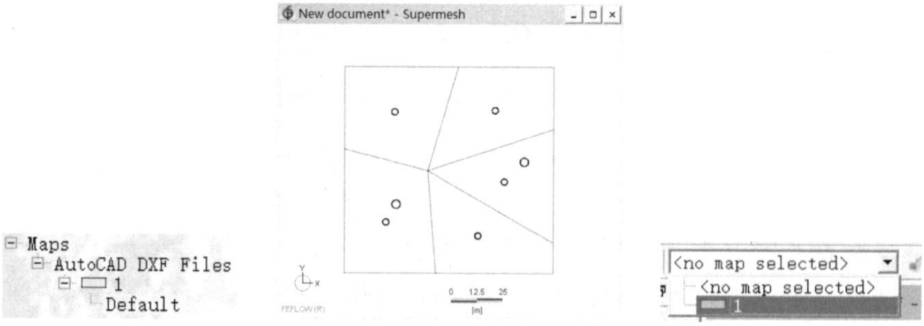

附图 2

(4) 依次双击、，根据底图创建多边形区域，每个区域必须分别创建，且必须闭合。

双击创建井，若已知井的坐标，可按 F2 键直接根据坐标添加井。如附图 3 所示。

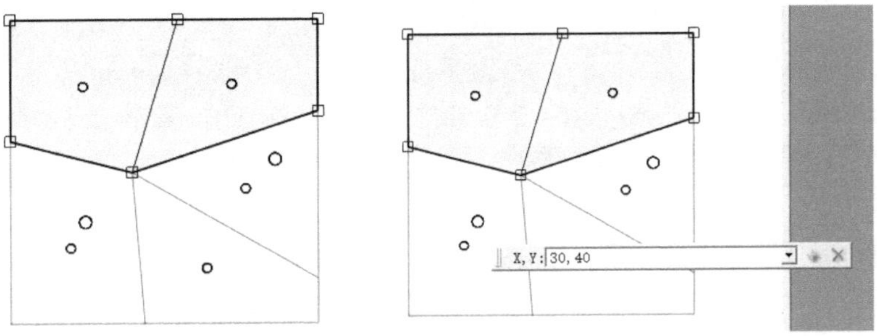

附图 3

(5) 所有多边形区域以及井创建完毕后，在 Generator: GridBuilder 处选择 GridBuilder 网格剖分，单击，将参数调整为附图 4 所示。

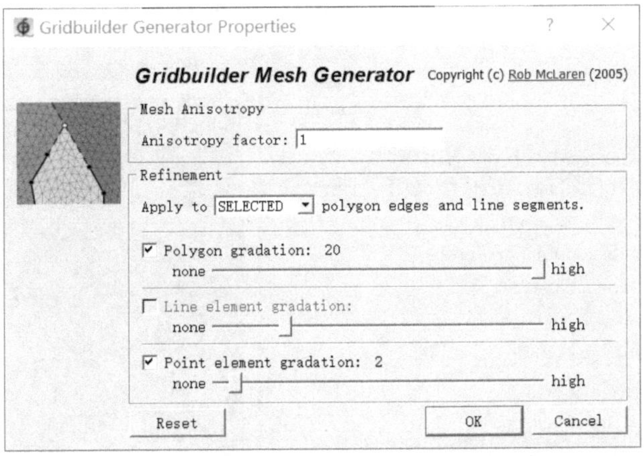

附图 4

(6) 设置剖分的三角形的个数 Total Elements: 150（此个数为近似值，最终剖分得到的三角形个数往往与该值不一致），单击，开始剖分。

(7) 剖分完成后，会出现 Slice 1 窗口，即为剖分后的模拟区域。在左侧窗口选择 Data 进行参数设置，显示如附图 5。根据程序所需数据要求，需要设置边界条件以及渗透系数。

(8) 双击 Boundary Conditions(BC) 中的边界类型，进行边界条件设置，这里以定水头边界为例(附图 6)。首先选择该类边界上的所有节点，设置定水头边界的水头即可。其余类型的边界设置类似。

(9) 双击 Transmissivity[max]，区域选择方法根据分区划分的形状进行选择(附图 7)，双击结束选择。在每一区域选择完毕后，对该区域渗透系数进行赋值(注意单位)。在进行下一个区域的选择之前，必须要单击取消赋值完成的区域的选择。

(10) 在赋值完成后，对该模型进行保存：File→Save As，选择保存类型为 ASCII 码类型的 *.fem 文件，如附图 8 所示。

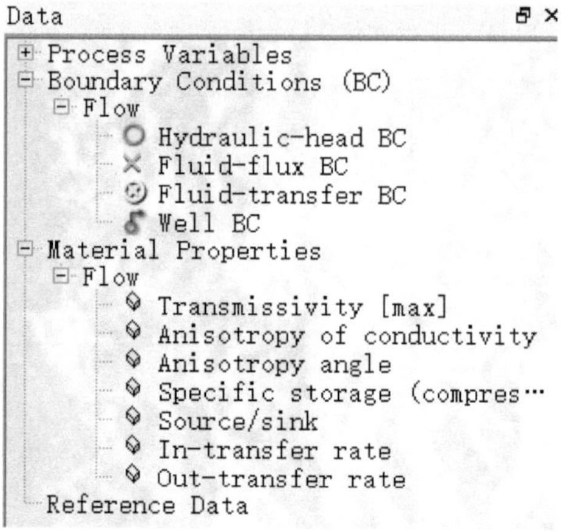
Data
Process Variables
Boundary Conditions (BC)
Flow
Hydraulic-head BC
Fluid-flux BC
Fluid-transfer BC
Well BC
Material Properties
Flow
Transmissivity [max]
Anisotropy of conductivity
Anisotropy angle
Specific storage (compres…
Source/sink
In-transfer rate
Out-transfer rate
Reference Data

附图 5

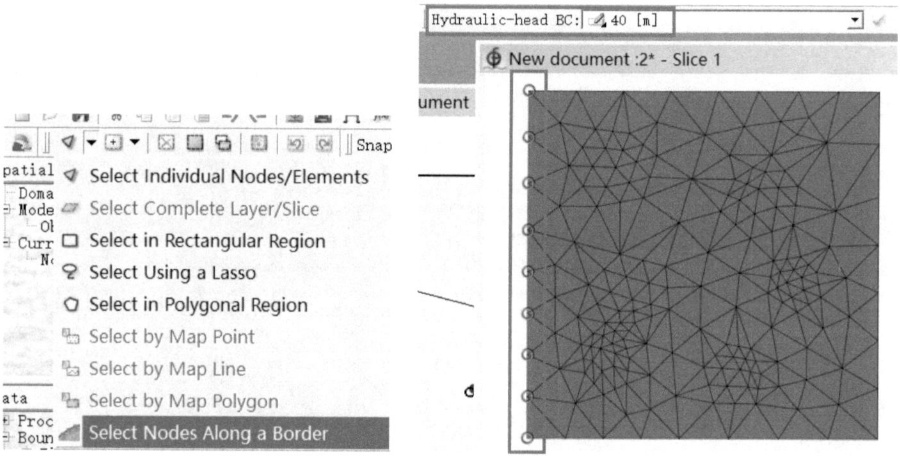
Snap
Select Individual Nodes/Elements
Select Complete Layer/Slice
Select in Rectangular Region
Select Using a Lasso
Select in Polygonal Region
Select by Map Point
Select by Map Line
Select by Map Polygon
Select Nodes Along a Border
Hydraulic-head BC: 40 [m]
New document :2* - Slice 1

附图 6

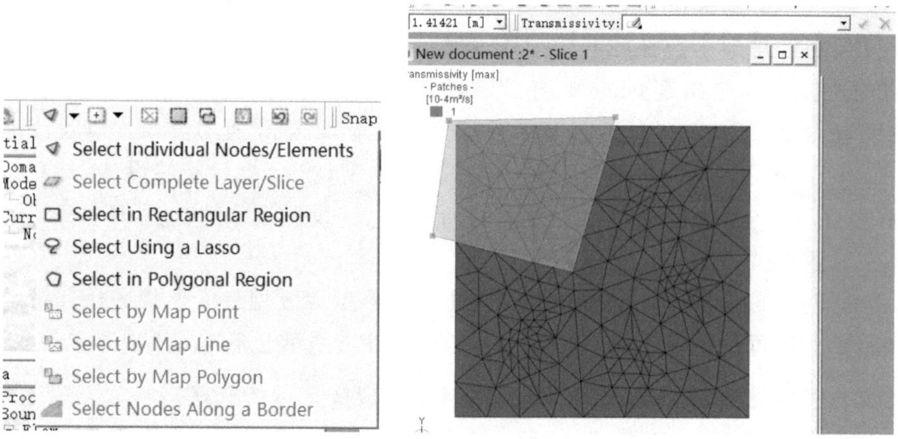
Snap
Select Individual Nodes/Elements
Select Complete Layer/Slice
Select in Rectangular Region
Select Using a Lasso
Select in Polygonal Region
Select by Map Point
Select by Map Line
Select by Map Polygon
Select Nodes Along a Border
1.41421 [m]
Transmissivity:
New document :2* - Slice 1

附图 7

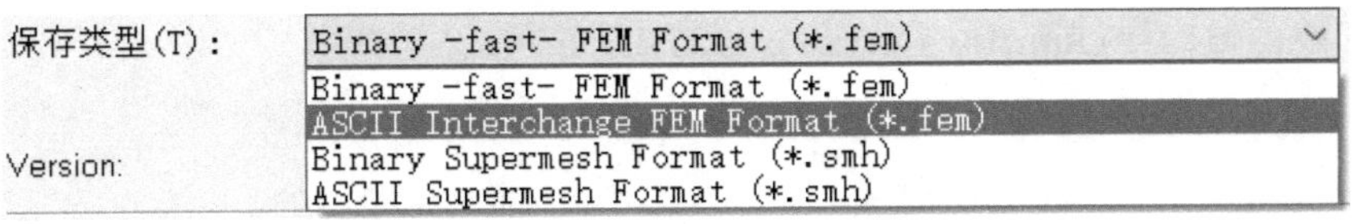

附图 8

2. 数据整理程序

（1）坐标整理：xy_bian4huan4

数据输入：input → xy.txt

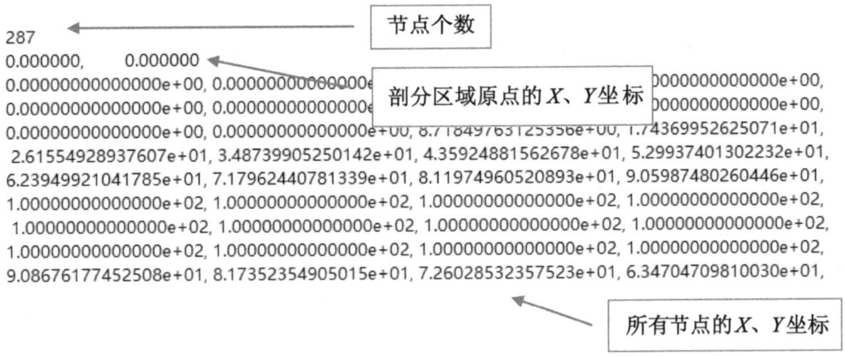

双击运行程序：xy_bian4huan4(2020.4.1).exe

数据输出：output → xy.txt

18.112696242084599	100.000000000000000
9.056348121042300	100.000000000000000
0.000000000000000	100.000000000000000
91.373229968232707	19.670796878030998
82.746459936465300	24.670252543897501
74.119689904698006	29.669708209764000
65.492919872930599	34.669163875630602
56.866149841163299	39.668619541497101

此时，输出的结果即为按节点编号顺序排列的节点坐标，第一列为 X 坐标，第二列为 Y 坐标。

（2）分区整理：chanshu_fen1qu1

数据输入：input → chanshu_fen1qu1.txt

```
0.5 2  75  126  128  130  137 -55555 139  142  155  165  179  185  187  189  193  195
197  199  201  214 -55555 218  223  232  234  241  260  261  265  270  276  277  280
281  288  289  308  309  360  361  384  385  396  397 2073 2322 3688 -55555 3691 3697
3793 3808 3809 4013 4041 4057 4078 -55555 4085 4098 4099 4108 -55555 4355 4360 -55555 4369 4636 4638
4639 4642 4643 5162 -55555 5167 6030 -55555 6032 6053 6055 -55555 6058 6091 -55555 6094 6105 6106 6156 6157
7573 7574 7585 7586 7605 7606 7649 7657 7658 7688 7689 7748 -55555 7751 7842 7843 7856
```

该文本中，在 0.5 后面输入一个渗透系数分区包含的所有三角形编号，其中，需将 *.fem 文档渗透系数分区中形如3-168的数据修改为3 -55555 168的格式。

该文本可以输入多个分区包含的三角形编号，区分标志即为编号前方框中的数值，其中 0.5 可替换为大于 0 小于 1 的任意数值，但不同分区的数值须不相同。

双击运行程序：chanshu_fen1qu1(2020.4.3).exe

数据输出： output → chanshu_fen1qu1.txt

2.000000000000000	1.000000000000000
75.000000000000000	1.000000000000000
126.000000000000000	1.000000000000000
128.000000000000000	1.000000000000000
130.000000000000000	1.000000000000000
137.000000000000000	1.000000000000000
138.000000000000000	1.000000000000000
139.000000000000000	1.000000000000000

此时，第一列即为该渗透系数分区包含的所有节点，第二列为分区顺序号，与输入文本中各分区的排列顺序一致。

下面为两个水文地质概念模型，请结合正文 2.7.11 的要求计算相关内容。

（1）承压水

面积为 100 m×100 m 的正方形承压水含水层，含水层顶、底板水平，非均质各向同性，含水层厚 20 m，水力坡度为 0，以底板作为基准面，初始水头为 50 m，底板高程为 0 m，顶板高程为 20 m，储水系数为 1×10^{-4} 1/m。模拟区域边界分为定水头边界、隔水边界和通用水头边界（GHB 边界），其中设定西边界为定水头边界，水头为 40 m；东边界为隔水边界；南、北边界均为 GHB 边界，该边界的水头为 50 m，边界渗透系数为 6 m/d，距离倒数为 0.01 1/m。

在模拟区域中，在坐标（30 m，40 m）处设置一个抽水井，水量为 200 m^3/d。将模拟区域划分为 5 个任意面积的分区，分别赋予 5 个不同的渗透系数值，如附图 9 所示。

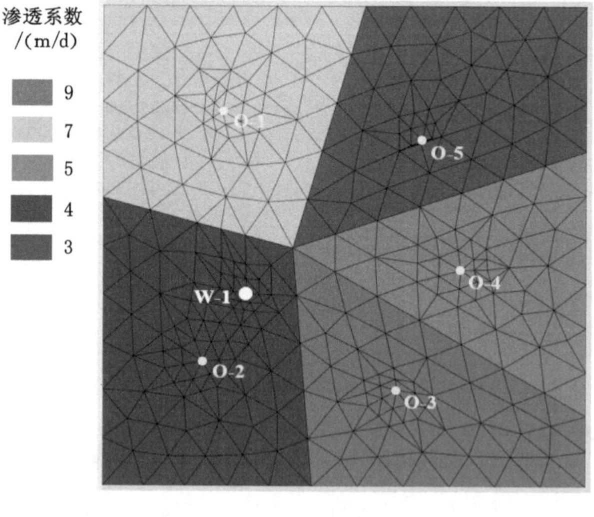

附图 9　模拟区域分区图

（2）潜水

面积为 100 m×100 m 的正方形潜水含水层，层厚 10 m，顶、底板水平，非均质各向同性，水力坡度为 0，以底板作为基准面，初始水头为 7 m，底板高程为 0 m，顶板高程为 10 m，给水度为 0.2，年平均入渗系数为 0.25，年平均降雨量为 445 mm。模拟区域边界分为定水头边界、隔水边界和通用水头边界（GHB 边界），其中设定西边界为定水头边界，水头为 5 m；东边界为隔水边界；南、北边界均为 GHB 边界，该边界的水头为 7 m，边界平均渗透系数为 6 m/d，距离倒数为 0.01 1/m。

在模拟区域中，在坐标（30 m，40 m）处设置一个抽水井（W-1），水量为 200 m^3/d。将模拟区域划分为 5 个任意面积的分区（附图 9），分别赋予不同的渗透系数值。

附录二　某水文站1957—2015年的累积流量

见附表1。

附表1

年份	累积流量/(m^3/s)
1957	4 719.51
1958	9 887.38
1959	17 303.44
1960	22 247.13
1961	25 842.54
1962	28 988.53
1963	34 831.07
1964	39 550.57
1965	42 022.95
1966	44 494.26
1967	48 988.53
1968	53 033.36
1969	55 729.92
1970	57 977.05
1971	59 550.57
1972	59 775.82
1973	64 519.64
1974	66 993.07
1975	68 117.17
1976	70 589.54
1977	73 512.40
1978	77 783.54
1979	81 670.81
1980	84 097.71
1981	85 720.93
1982	88 195.42
1983	91 120.39
1984	91 511.66
1985	92 694.97
1986	94 720.03
1987	96 070.43
1988	100 987.68

附表 1(续)

年份	累积流量/(m^3/s)
1989	103 392.38
1990	104 832.65
1991	106 634.59
1992	106 995.19
1993	107 715.33
1994	110 957.54
1995	113 119.02
1996	116 000.63
1997	117 802.57
1998	119 964.05
1999	121 044.78
2000	122 125.52
2001	123 926.40
2002	124 646.54
2003	125 367.74
2004	126 884.15
2005	127 244.75
2006	128 326.55
2007	129 046.69
2008	131 570.88
2009	131 930.42
2010	133 733.41
2011	134 536.03
2012	135 174.75
2013	136 256.54
2014	137 697.88
2015	138 205.47

附录三　潮白河流域1960—2008年累积降雨量和累积径流深

见附表2。

附表2

年份	累积降雨量/m	累积径流深/mm
1960	0.42	36.17
1961	0.87	57.60
1962	1.31	84.87
1963	1.76	115.74
1964	2.40	176.03
1965	2.82	211.18
1966	3.30	237.03
1967	3.87	271.43
1968	4.26	292.25
1969	4.80	345.45
1970	5.30	378.30
1971	5.72	400.27
1972	6.10	418.77
1973	6.81	491.88
1974	7.27	573.27
1975	7.69	601.41
1976	8.19	630.88
1977	8.70	668.46
1978	9.29	704.12
1979	9.81	753.50
1980	10.20	769.31
1981	10.62	786.56
1982	11.12	819.60
1983	11.53	837.76
1984	11.90	841.51
1985	12.40	863.51
1986	12.94	885.94
1987	13.52	908.92
1988	13.97	925.80
1989	14.38	938.27
1990	15.01	962.62
1991	15.51	993.29

附表 2(续)

年份	累积降雨量/m	累积径流深/mm
1992	16.05	1 015.94
1993	16.44	1 031.07
1994	17.03	1 072.23
1995	17.56	1 094.41
1996	18.05	1 127.06
1997	18.47	1 143.39
1998	19.08	1 190.29
1999	19.45	1 201.34
2000	19.92	1 205.95
2001	20.34	1 215.51
2002	20.72	1 222.56
2003	21.19	1 229.19
2004	21.68	1 242.86
2005	22.10	1 259.36
2006	22.54	1 273.11
2007	22.97	1 279.06
2008	23.47	1 293.36

附录四 潮白河流域1960—2008年年径流系数

见附表3。

附表3

年份	年径流系数
1960	0.078 5
1961	0.049 6
1962	0.056 7
1963	0.070 7
1964	0.092 9
1965	0.086 3
1966	0.050 4
1967	0.064 3
1968	0.055 2
1969	0.098 0
1970	0.061 4
1971	0.049 0
1972	0.053 4
1973	0.110 0
1974	0.146 4
1975	0.073 1
1976	0.061 4
1977	0.069 7
1978	0.065 6
1979	0.081 8
1980	0.048 9
1981	0.036 3
1982	0.068 0
1983	0.033 8
1984	0.027 8
1985	0.030 9
1986	0.042 2
1987	0.039 4
1988	0.045 8
1989	0.024 3
1990	0.039 6

附表 3(续)

年份	年径流系数
1991	0.060 7
1992	0.041 1
1993	0.035 6
1994	0.073 4
1995	0.037 1
1996	0.060 9
1997	0.043 2
1998	0.072 9
1999	0.024 5
2000	0.013 2
2001	0.028 1
2002	0.013 4
2003	0.018 6
2004	0.029 1
2005	0.031 1
2006	0.031 0
2007	0.016 9
2008	0.030 6